"身边的

废品里的
科学

[意] 亚历山德拉·维奥拉（Alessandra Viola）
[意] 皮耶罗·马丁（Piero Martin）◎著
锐拓◎译

SPM
南方传媒

广东科技出版社
全国优秀出版社

·广州·

Trash. Tutto quello che dovreste sepere sui rifiuti
©2017 Codice edizioni, Torino
The simplified Chinese translation rights arranged through Rightol Media
（本书中文简体版权经由锐拓传媒取得E-mail: copyright@rightol.com）

广东省版权局著作权合同登记号：
图字：19-2020-005

图书在版编目（CIP）数据

"身边的轻科学"系列. 废品里的科学 /（意）亚历山德拉·维奥拉，（意）皮耶罗·马丁著；锐拓译. —广州：广东科技出版社，2022.6
ISBN 978-7-5359-7816-5

Ⅰ.①身… Ⅱ.①亚… ②皮… ③锐… Ⅲ.①自然科学—普及读物 Ⅳ.①N49

中国版本图书馆CIP数据核字（2022）第017185号

"身边的轻科学"系列：废品里的科学
"Shenbian de Qingkexue" Xilie：Feipin Li de Kexue

出　版　人：严奉强
责任编辑：尉义明
封面设计：王玉美
责任校对：陈　静
责任印制：彭海波
出版发行：广东科技出版社
　　　　　（广州市环市东路水荫路11号　邮政编码：510075）
销售热线：020-37607413
http://www.gdstp.com.cn
E-mail：gdkjbw@nfcb.com.cn
经　　销：广东新华发行集团股份有限公司
排　　版：创溢文化
印　　刷：广州市彩源印刷有限公司
　　　　　（广州市黄埔区百合三路8号　邮政编码：510700）
规　　格：889mm×1 194mm　1/32　印张8.75　字数220千
版　　次：2022年6月第1版
　　　　　2022年6月第1次印刷
定　　价：39.80元

如发现因印装质量问题影响阅读，请与广东科技出版社印制室
联系调换（电话：020-37607272）。

目录

废品里的科学

废品里的科学

引言

如何阅读这本书

不是所有的书都适合用同一种方式来阅读。

有一些书需要跳着读，除非有特殊情况，像电话簿、词典、法规等这类书很难让人满怀热情地按顺序从第一页读到最后一页。而对于侦探故事，从最后几页读起显然不是什么好主意。像小说、散文和故事这些书，我们必须从头读到尾才能了解其中到底讲了什么，才不会错过精彩的片段。

要想写一本同时适合两种阅读方式的书，并不是一件容易的事情。对于我们来说，选择废品这一主题来写作，并且要同时满足两种阅读方式，这并不是一个简简单单的选择。我们之所以这样做，并不是想要去完成一件不可能完成的文学挑战，而是这个选择确有必要，至少是出于以下3个原因：

第一，主题的深度。世界各个角落都在不断地制造着大量的、各种各样的垃圾。采用论述完整的传统百科全书形式，可能需要编写很多册才能涵盖所有内容，而传统形式的论文又可能会过多地关注于某一个层面上的东西，这些都不是我们想要的。我们想要做到的是在一本书中，既能保持很强的包容性、有丰富的内容、展现更多的知识，又不会将重心只放在对某一方面的探究上。

第二，这本书之所以需要既能够从头开始一页一页按顺序阅读，又能够从一页跳到另一页跳跃式阅读，是因为我们想要给读者提供这样一个机会，让他们能够对"垃圾"这一主题有一个较为全面的认识，从而可以评估个人或者集体在日常的选择和行动中可能会导致的后果，让读者避免被既定的道德观念所裹挟。因为科学传播首先需要做的是进行实验、数据和概念的共享，而非仅仅是某种观点的共享。在我们间接地分享科学知识时，有时不得不放弃一些细节或者是专业性很强的东西。但科学一向是严谨、精确的存在。每个人都可以根据数据来构建自己的观点，并且能够有充分的理由来论证与说明它。我们可以用两个简单的数字来举例（比如50和60），地球上使用手机的人数有大约60亿（地球上的居民大约有70亿），而能够使用上干净体面的厕所的人数可能只有50亿。即使从2个简单的数字也可以很明显地看出，如果要使这个世界变得更加公平，我们还需要做些什么。

第三，这本书中包含多个故事，这些故事既相互关联，又各自独立。引入这些故事，旨在表明科学是可以被所有人接受的，科学不仅不会无聊，还会让人觉得很有趣。我们不知道这样的做法是否能够取得成功，但我们仍然尝试保持科学的严谨性，将重点放在资料来源、数据验证及事实依据上。与此同时，我们选择了一些引人入胜、趣味横生，甚至是超现实的故事和新闻，希望能够以轻松愉快的方式讲述热力学原理、物理学知识。我们还谈到了人类生产的典型废物，它从我们出生的第一天起就一直伴随着我们，在小的时候，我们想到这个词还会露出天真的笑容，那就是"便便"。

基于这3个原因及其他的一些因素，我们有了写这本书的灵感。我们希望读者朋友们拿到这本书后，既可以从头到尾地完整阅读，也可以利用等公交车或者吃三明治的短暂时间进行碎片化阅读。

想要按照正常的阅读顺序来读这本书的朋友可以看到，序言中将以数学家、哲学家、食品史学家、语言学家和技术史学家提供的5种不同的观点来简短地引出主题。这是5位伟大的专业学者给予我们的礼物。前两章的内容将从我们对人类无时无处不在制造大量垃圾这一事实的反思开始说起，我们不仅仅是在浪费资源，还是在污染和消耗宝贵的资源，这也会对我们的健康造成损害。我们犯下的这些错误是在用地球和人类的现在及未来作抵押。第三章讲述的是当人们意识到在前两章中所提到的问题之后，我们将会发现这些"废物"可以是一个问题，也可以是一种资源。这些"废物"可以通过多种多样甚至是出人意料的方式来产生价值。在前面3章的铺垫下，第四章自然而然地引出了循环经济这一话题。实际上，垃圾的部分价值还在于回收了在垃圾产生过程中所消耗掉的一些能量，这也是我们在第四章中讨论的主题。在第五章中，我们将探讨技术与垃圾之间的关系，因为技术有助于减少垃圾的产生，也有助于垃圾的正确处理。我们所做的选择本身会代替我们说话，尤其在垃圾问题上。我们生产了如此多的垃圾，说严重一点，今天的垃圾填埋场将成为明天的考古遗址，这是第六章的主题。第七章的主题与一种最原始的垃圾产生形式——浪费食物有关。有时候对于一些可口的食物的回收方法是，吃掉这些垃圾。在第八章中，我们将讨论不可避免的垃圾，这些垃圾与人类生活息息相关。我们想要尽可能减少垃圾，尽快处理垃圾，因为事关我们的生命和健康。对垃圾的处理方式也是造成严重不平等的原因。在最后一章，如果你坚持看到了这里，那么作为感谢，我们为你收集了一些逸闻趣事，如垃圾如何成为艺术品，或者是让你捧腹大笑的关于垃圾的故事。

　　无论是"按顺序阅读"的读者还是"跳着阅读"的读者，这本书中的内容都还不够完整和翔实。这个领域的知识是无限的，我们深知我们不得不略过一些过于深奥的东西。有关最新研究的新闻、数据和成果也在不断涌现。举一些例子，就在我们刚刚写完这本书的时候，欧洲统计机构的一项调查数据显示，意大利是欧洲垃圾回收率最高的国家，回收率达76.9%。一则来自瑞士权威研究所的消息称，瑞士联邦水科学技术研究院发现，每年在瑞士的下水道中会损失大约43 kg黄金，价值大约在150万欧元，而这些黄金的损失是由那些提炼珍贵元素的工厂造成的。我们再来看看2017年5月英国兰开斯特大学研究人员的新发现：他们提出了一种新的、更有效地从咖啡渣中提取生物燃料的方法。

　　废品和针对废品的研究每天都在更新，我们想要紧跟时代的变化是不可能的事情，但是，我们希望，通过这本书，人们对于这类问题能多些认识，并且能够产生好奇心。因为如何处理这些废品是目前地球在可持续发展道路上面临的最紧迫的挑战。

　　对于垃圾问题，不存在固定的立场，我们需要坚持从实际出发。正如列奥纳多·达·芬奇所说的那样："事物远比文字古老得多……我们只需要做事物的见证者。"

数学里的废物

　　数学最坚固的地方就在于，在数学规律中从来没有需要舍弃的废物，即一旦获得便一直有效。数学的发展过程就像是建筑物的建造过程，当然，它并不是真的像建房子一般有序或有计划地来逐步进行建造。数学的发展过程也像是一种叫作克诺索斯的宫殿，这种宫殿通过不停地扩建，面积不断增长，即使是宫殿中最早建成的部分，也不会因为时间太久而被拆除。尽管上述观点是被大家普遍接受的，但实际上，它是一种错误的观点：它没有考虑到数学思想的演化是一个非线性的、随机的过程，数学思想演化的本质是多中心的，并且在很大程度上是混乱的。

　　数学是一个多维迷宫，其中有闭环，有死角，有许多的路径，还有虚假的通道。而我们根据这个概念可以得出这样一个观点，从数学中来看，废物并不是特例，而是一种规律，即错误是没有找到方向的猜想，被引入歧途的假设，是那些错误的探索路径。这不止会否定单一结果，之前所构建的完整理论也将被否定。但是好在这些废物并不是全无用处，相反，它们可以成为每一项发明过程中不可或缺的前提要素，就像在思想创意自由活动中一样。我们还可以用文学的观点来看问题，比如，在文学文本中，删除、更正和增补一样重要，同样重要的是对"正确词语"的反思。最后，即使在数学中，废物被"回收"的情况也并不罕见：被遗忘的错误观点也能够在新的理论中作为宝贵的基石而存在。

作者：克劳迪奥·巴托奇（Claudio Bartocci）

在热那亚大学（University of Genoa）教授数学物理学

选自其作品《数字：从零到无穷大的一切》（*Numeri: Tutto quello che conta da zero a infinito*）

肮脏的垃圾

在自然界中，可以说是没有废物存在的。至少从中长期来看，一切都会回到大自然的生命循环和在组成它们的生化过程中。因此，废物的概念与人类的功利主义观点及人类社会在整个历史进程中所呈现的文明形式密切相关。正如让-雅克·卢梭（Jean-Jacques Rousseau）所说，拒绝、虚伪和谎言都是在人类文明下，由于罪恶才会滋生出的东西，这些东西使我们与我们的本能和我们自然状态下的幸福感渐行渐远。

这是事实，人类文明程度越高，意味着人类社会越复杂越有条理，产生的废物就越多。人类在游牧文明下所产生的废物少于农业文明，而在农业文明下所产生的废物要远远少于人类进入工业文明之后。这些废料和加工残留随着手工业到工业的转变而日益增多。在消费社会中，破旧无用的东西往往源自人们时尚品位的更新和制作工艺的发展。最终，这些浪费造成了垃圾的产生。同样的情况让我们想到食物的浪费——我们总是将食物的丰富性和无限供应性与我们的幸福感联系在一起，从而产生了大量食物垃圾。

用"废物"这个术语有一个好处是，它能够清晰有效地指出它所代表的东西，指的是被遗弃的、被废弃的、被消除的、可取代的物质性或象征性的过程。但不幸的是，这个词不仅会被用来指垃圾，还经常会被用来指代生物，甚至指代人。

无独有偶，19世纪德国最有名的哲学家之一，马丁·海德格尔（Martin Heidegger）创造了"被抛弃"（geworfenheit）这个词，用以形容世界上的人的境况，意指"被抛弃的"。对于海德格尔来说，"被抛弃"这种状态——换句话说，就是废物的本体论——构成了人类一切状态的起点，只有能规划自己的生活的人才能重新开始。"被抛弃"也是很多人的日常状况，他们被福利社会边缘化了，被隔离在城市郊外那些如同"社会垃圾场"的地方。尽管一直以来人们都在关注被抛弃者的情况，但问题从未被真正解决，今天我们又将着眼于难民营，以及所谓的收留移民的"接待中心"。

从卫生的角度和官僚主义对"城市废物"的定义背后，隐藏着人类历史相似的令人不安的情况，这绝非偶然。垃圾处理的两种最传统的方法，即垃圾场掩埋和焚化炉火化，引发了20世纪标志着人类命运的可怕历史事件：华沙犹太人区和奥斯威辛集中营。

我不知道一个拥有着良性生态的人类社会是否是一件不可能的事，简而言之，就是"零浪费"，但好在人类已经学会反思自己，也开始慢慢将其他生物也视为"目的"而非"手段"。这已经是一个伟大的结果。"人是目的，而非手段"是康德的道德律令的根本性定义，同样当垃圾被视作手段，它们会逐渐变得无用，最终被抛弃，此时唯一可能阻止的方式，只有阻断任何或早或晚可能成为它们的东西。

作者：安德里亚·塔亚皮耶特拉（Andrea Tagliapietra）

在圣拉斐尔生命健康大学（Vita-Salute San Raffaele University）教授哲学史，是国际哲学杂志《思想史评论报》

（*Critical Journal of Ideas History*）的联合主编

选自其作品《经历：思想的哲学和历史》（*Esperienza:*
Filosofia e storia di un'idea）

厨房里的剩菜

在厨房中，那些如今被我们看作剩菜剩饭的东西，在过去都可以作为新的一餐饭中的原料，一直到几十年前都还是这样。厨余垃圾是工业化的产物，在现代社会，我们能够以更低的价格获得更多的食物，在此之前是没有这种条件的。

曾经，在意大利大部分居民的家中，几乎没有东西可以吃，所以人们总是小心翼翼地不会浪费一粒粮食，于是，食物以各种可能的方式被"回收利用"。正是基于这样的原因，当时用剩菜剩饭做出来的美食种类丰富，并且受到人们的喜爱。在过去的几个世纪中，用不同的剩菜剩饭来烹饪成了一种艺术，其中最为人熟知的是肉丸和肉饼。在祖先留下来的食谱中，还包括甜品、意大利调味饭，也包括如何能够长时间存放鱼的方法。发明这些食物的基本想法都是不浪费食物。

我们从甜点开始讲起，几个世纪以来，糖一直是一种奢侈品，在平民家庭中难得一见，只供贵族食用。最主要的甜点，虽然因地域不同而形式多样，但其最基本的品种都是隔夜的甜面包和一些果干，相当于一次就解决了两个剩菜！还有炸鱼，遍布整个地中海盆地的各种炸鱼都是用剩余的鱼类烹制的。被称作"saor"或"savor"的用醋腌制的炸鱼，包括利古里亚的"scabeccio"炸鱼和撒丁岛的"scabecciu"炸鱼，食材里都会有洋葱和醋——把鱼浸在里面。在普利亚，人们会将面包浸泡在醋里腌制。在米兰人制作的调味饭里，会加入丰富的骨髓和藏红花；在皮埃蒙特人制作的调味饭里，则会加入豆类和香肠。而在威尼托，调味饭的制作方法是在剩余的米饭里面加上鱼类、肉类和蔬菜等，他们制作的调味饭即可以用任何东西与剩饭拌在一起。

今天，我们有时还能够听到烹饪剩菜剩饭的说法，有人还想要将这种行为作为一种时尚来体现。但是数据告诉我们，无论是在大型餐厅还是在家庭里，我们都一直在丢弃着大量食物。

由于当今社会购买食品的成本太低，我们总是买过多的食物，我们购买的数量超出了我们实际的需求。事实上，我们许多人因为吃得太多体重普遍超重，这并不利于我们的身体健康。

作者：亚历山德罗·马尔佐·马格诺（Alessandro Marzo Magno）

记者兼历史文化传播者

选自其作品《绝味：意大利口味如何征服世界》（*Il genio del gusto: Come il mangiare italiano ha conquistato il mondo*）

意大利语中的垃圾

意大利语 "rifiuto" （垃圾）这个词既是一个新词，也是一个旧词。

这个词自14世纪初以来就存在，但是当时它并不是指代垃圾，而是指拒绝这个行为。直到17世纪下半叶，该词才具有了 "无价值的事物" 这个含义，比如在 "merce di rifiuto" （废物）这个词组中，该词就带有这样的含义。但是，这个词并没有就此开始代表 "垃圾"。

18世纪中叶，弗朗切斯科·阿尔加洛蒂（Francesco Algarotti）写道："大部分的废品，几乎就是垃圾。"这说明了在当时，废品就代表着 "应丢弃的物品或是价值不高的物品"。尽管这样，"rifiuto" （废品）这个词依旧没有成为 "immondizia" （垃圾）的同义词。

直到20世纪初，这个词才开始准确地用来表示 "被丢弃的东西"。在整整一个世纪里，它的含义得到巩固和传播，才变成了有这个特定所指含义的词。1982年意大利颁布的法令中准确地提到了 "垃圾分类" 这个概念，并将垃圾区分为城市垃圾、特殊垃圾和有害垃圾。由于这项国家法令，"rifiuto" （垃圾）这个词以地方行政管理语言的形式迅速传播开来。（有谁没有在清理城市固体垃圾和大件垃圾的时候遇到过问题呢？）

因此，我们可以发现在语言史上，"rifiuto"（垃圾）这个词作为表达"想要丢掉的东西"这一概念不仅是一个近年来出现的词语，而且有一大部分人为的因素在里面。相比于在日常生活中使用，它更适合在官方的行政场合中使用。

如今，在常用意大利语中，还有两个词："immondizia"（垃圾）和"spazzatura"（废物），这两个词都起源于14世纪的托斯卡纳地区。1612年，这两个词被收录进了《秕糠学会词典》（*Vocabolario degli Accademici della Crusca*）中。它们的含义仅有微小的差别（一般来说"immondizia"常常指"污垢"，而"spazzatura"则是表示"那些扫地时被带走的东西"），但在指代食物垃圾和今天我们所说的干垃圾时，它们无甚区别。

最后的小疑问：为什么在语言学上总是有不同的指代"垃圾"的词语盛行而不是一直使用同一个词？其实在14世纪的时候，也有人用过"spazzatura"这个词，但是它仅仅流行了很短的一段时间，因为语言有的时候也会产生"垃圾"！

"你扔了什么？"

"我一会出去扔……那是……是……"你们是怎么称呼那些在家里制造出来的垃圾？由于我们所生活的地方不同，我们给垃圾取的名字也都是不一样的。

这些垃圾有着所谓的"土名字"：在不同的地方，指代同一种对象所用的名字是不同的。来试试找到你身边与其他地区垃圾的不同叫法！在意大利扔垃圾的时候，利古里亚人扔的是"rumenta"，而在帕维亚、帕尔马或是皮亚琴察这些地方，人们扔的是"rudo"。在威尼托，扔的是"squasse"或"scoasse"，而的里雅斯特则是"scovazze"——这个词等同于垃圾，因为它被更准确地定义为"用扫帚扫在一起的东西"。在马萨和卡拉拉，人们扔的是"lozzo"，在亚平宁山脉的托斯卡纳-艾米利亚，人们扔的是"pattume"，在托斯卡纳则是"sudicio"，在阿尔盖罗又被称作"rogna"，在罗马和意大利的中南部地区，人们扔掉（有时是很困难地扔）的是"monnezza"。在讨论了众多地区后最终到了西西里，在这里扔掉的是"munnizza"。从语言学的角度来讲，有些地区对垃圾的叫法本身具有悠久的历史。比如在巴里，人们管扔掉的东西叫作"rimata"，而在奇伦托会用"iotta"——这个词在过去是用来指代那些剩菜剩饭，给动物吃的食物。

不过有趣的是，在如今的意大利语中有很多词汇都是从这些方言中演变来的。比如一些词形意大利语化的单词，在方言中的发音也不尽相同（如"rusco"发音变成"rusc"），但是语言的生命和力量本就源自方言。还有一些是在我们家庭日常生活中使用的词汇，多为儿童用语，这些语言常常带有情感价值（我们也可以说是在谈论语言的垃圾）：它们在地区间有差异，在国与国之间也有着差异。尽管它们各不相同，但这些词汇之所以都被凝练成意大利语，恰恰是因为它们都各有特别之处。

你找不到你常说的那个词吗？仔细看看呢，它与常规的词之间可能只有很小的差异。语言是生动的，语言的地域差异也是数不胜数的！

作者：罗伯塔·切拉（Roberta Cella）
在比萨大学教授意大利语语言学和意大利语历史
选自其作品《意大利语史》（*Storia dell'italiano*）

废物本体论——对技术的理性批判

　　从人类起源开始，从何塞·奥特加·伊·加塞特（José Ortega y Gasset）定义的游猎社会的"机会技术"（técnica del azar）原始时期开始，在商品的生产过程中就伴随着垃圾的产生。

　　人们在史前洞穴中就发现过垃圾碎片，罗马时期丢弃在泰斯塔西奥的陶片形成了"陶片丘"，威尼斯群岛的土壤也由陶器碎片堆积而成。还有哪里会出现这样一座让我们的城市陷入危机中的垃圾山呢？

　　根据摩尔定律"从芯片内部的活性连接来评估，微电路的复杂性每18个月就会增加1倍"，以此类推，我们可以推测出个人在工业化社会中所产生的垃圾每18个月便会增加1倍。

　　对于所有此类推断，可能会有很多反例，但事实如此。由ICT（信息与通信技术）主导，受到时尚规则影响的更先进的工业生产着大量的商品，而在因科学技术进步而逐渐被淘汰的时代漩涡中，垃圾的产生速度与日俱增。

　　在这一点上，我们要提及伊塔洛·卡尔维诺（Italo Calvino）的《被批准的垃圾箱》（*La poubelle agrée*）一文，垃圾箱在这个社会中扮演着一个文化中心的角色，人们每天都在徒劳地追求着对废物进行谨慎管理和再利用的奇怪逻辑。但是仍然没有关于垃圾的道德规范，而且有证据表明在卡尔·马克思（Karl Marx）的《资本论》（*Capitale*）中确实没有相关内容，我们只能转向保罗·奥斯特（Paul Auster）和唐·德利洛（Don DeLillo）的一系列文学作品中去寻找能激发思维的新观点。正如吉安卢卡·库佐（Gianluca Cuozzo）在其《终极事物的哲学》（*Filosofia delle cose*）一文中所言，他引用了齐格蒙特·鲍曼（Zygmunt Bauman）的一句话——"垃圾收集者是现代的无名英雄"，而我们需要一种"垃圾学"，否则我们将会灭绝。

作者：维托里奥·马尔基斯（Vittorio Marchis）

在都灵理工学院教授技术史和事物史

他是许多篇论文的作者（包括《意大利发明150年》[*150（anni di）invenzioni italiane*]），他以研究机械，以及用丰富的想象力去展示技术的课程而闻名

第一章
海量的垃圾

　　迈达斯国王可以将他触碰到的一切变成黄金，而我们不一样，我们很谦虚，我们把自己使用过的大量物品转化成了废物。我们生产的东西太多了，不仅产生了大量的浪费和污染，还消耗了很多宝贵的资源。从珠穆朗玛峰到马里亚纳海沟，从地球深处到月球，我们无论身在何处，都能够见到垃圾的存在。有时候，垃圾甚至会以一种不寻常的方式出现。

垃圾有哪些

我们制造出的垃圾非常多，并且这些垃圾各不相同。有时，它们会出现在我们无法想象的地方（甚至在月球上）。

试将以下每种垃圾与其去向连起来。看完这本书后你会改变想法吗？

月球　大气　海洋　地下　山脉　太空　生化垃圾处理　固体垃圾处理站

温室气体

食物垃圾

细颗粒物PM$_{10}$、PM$_{2.5}$

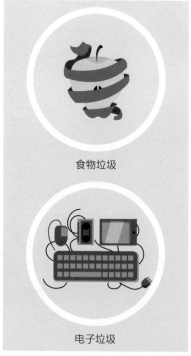

电子垃圾

塑料

大件的垃圾

纸类

放射性垃圾

电池

玻璃

❖如果您尚未找到答案，请不用担心，翻阅这本书，来认识和了解这些垃圾。

珠穆朗玛峰上的垃圾

　　世界最高峰珠穆朗玛峰拥有着很多项世界纪录，但其中有一项记录并不令人羡慕：它是地球上受污染最严重的山峰。这条警报记录是由尼泊尔登山协会公布的，这座对中国和尼泊尔都具有神圣意义的山，正面临着生态崩溃的风险，究其原因是登山者在攀登的过程中遗弃的垃圾所致。如果我们知道，登山者到达峰顶需要花费2个月左右的时间，其中包括必须在5 300 m和顶峰之间的4个营地中度过所需要的适应期，那么问题的严重程度就不难

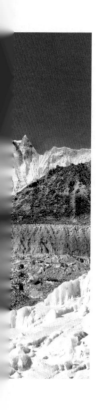

理解了，毕竟在珠穆朗玛峰上没有垃圾桶，更没有厕所。

为了解决垃圾问题，尼泊尔政府开始对废物实行"平等平衡"的新规则：每个登山者下山途中必须将至少8 kg的垃圾带回营地，这与登山者沿途丢下的垃圾相当。山上留下的垃圾有：绳索、钩子、钉子，还有箱子、食品保鲜膜、氧气瓶。自1953年埃德蒙·希拉里（Edmund Hillary）和丹增·诺尔盖（Tenzing Norgay）实现在珠穆朗玛峰的首次登顶后，有约4 500名的登山者7 000多次攀登珠穆朗玛峰，如今珠穆朗玛峰已成为某种意义上的垃圾场，估计山上有12 t的垃圾。珠穆朗玛峰上没有厕所，出于生理需要，登山者通常会在雪中挖一个洞，事后将排泄物覆盖。每年有700多名登山者和向导如此行事，随着时间的推移，珠穆朗玛峰上慢慢地沉积了大量的粪便和尿液。

但如果冰雪融化了，会发生什么呢？由于低海拔地区的气候变化，它们实际上已经在开始融化了，由此可能会引发重大的卫生问题。更何况，在山上的某些地方，还埋藏着200多名想要登顶却不幸在半路丧生的登山者，以及他们携带的所有装备。

❖ **在攀登珠穆朗玛峰时，攀登者们平均每人产生8 kg的垃圾。现如今，他们必须将这些垃圾带回。**

欧洲地球科学联盟期刊《冰冻圈》（The Cryosphere）上有一篇文章研究表明，在21世纪末，海拔5 500 m以下的冰川有

70%～99%可能消失，从而将造成前所未有的健康危机和水危机。地球上各区域的农业依赖着珠穆朗玛峰的水资源，同时，珠穆朗玛峰的水资源还供给着众多水力发电厂。

尼泊尔人苏迪普·塔库里（Sudeep Thakuri），米兰大学博士，由他主导的与意大利国家研究委员会（Consiglio Nazionale delle Ricerche，简称CNR）合作进行的一项研究表明，这座有着"天上的神"之称的冰山，其积雪量在50年内下降了13%，雪线（即雨水以雪的形式降落的海拔高度）上升了180 m。

珠穆朗玛峰已成为一个有着 **12 t** 垃圾的填埋场

这座山峰不同的国家及地区中对它也有不同的名称，如藏语中被称为"chomolungma"，意为"大地之母"。19世纪中叶在印度工作多年的英国地理学家乔治·埃弗勒斯爵士（George Everest）也许都没有想到？当时的印度总督英国人安德鲁·沃（Andrew Waugh）于1865年用埃弗勒斯的姓氏"Everest"命名了这座山峰。

月球上的高尔夫球

　　2个高尔夫球、12双旧靴子、5面旗帜、1块钢牌匾，还有照片、艺术品及一大堆金属和电子废料。这是1959年9月13日苏联人造卫星Lunik 2号首次降落在月球时遗留的垃圾清单。

人类在月球上
留下了
18.7 t
的废物

是的，我们污染的范围超过了地球，我们的垃圾甚至出现在了月球上。

时至今日，这个清单已经变得更长，并且包含了许多不寻常的物体，包括鹰羽毛，各种锤子、铁锹和耙子，以及仍能正常使用的照相机和摄像机、背包、奖牌，纪念在太空中丧生的宇航员的银制胸针和铝制小雕像。其中有些是宇航员用来做实验的工具，比如鹰羽毛和锤子是用来做一个简单的实验：1971年，美国宇航员戴维·斯科特（David Scott）完成了阿波罗15号需要执行的任务，结果表明，在没有空气阻力的情况下，两个物体，无论质量如何，都会以相同的速度和时间坠落，这是伽利略所得出的结论。

自首次登月以来，宇航员已将 **380 kg** 的月球岩石带回来

还有的垃圾则是被故意留在月球上的，以纪念某些探险任务。如今，这些垃圾已经足以构成一个"月球博物馆"了。像阿波罗11号执行登月任务时带来的包含了73位世界领导人信息的硅树脂光盘，像巴斯兹·奥尔德林（Buzz Aldrin）和尼尔·阿姆斯特朗（Neil Armstrong）放在月球上的写着"我们为全人类的和平而来"（We came in peace for all mankind.）的徽章，都是这种情况。为了实现这个想法，仅是奥尔德林和阿姆斯特朗两人就在他们的登月点"静海基地"的周围安放了100多个物体。在月球上，还有大约70艘航天器的残骸及各种金属、各种电子零件、探测车、登月舱的碎片和坠毁的探测器遗骸。还有些真正意义上的垃圾：个人卫生工具包，96个收集粪便、尿液和呕吐物的袋子、

背囊、手帕和真空食品包装。这些是必须要扔掉的东西，因为在返回地球的旅程中，稀少的燃料只能支持轻便的登月舱和航天器离开月球。

据估计，人类总共在月球表面留下了约18.7 t废物，并将380 kg月球岩石带回了地球。总之，除了半个世纪以前在月球上留下了那一个深刻的鞋印（登月第一步）以外，人类在月球上还留下了其他丰富的"足迹"，有的让人欢喜，有的让人忧。

当然，清理卫星并不是太空

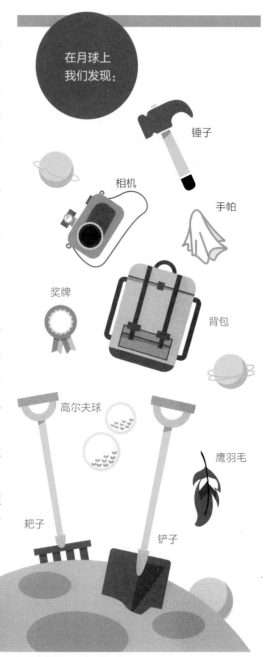

在月球上我们发现：

锤子

相机

手帕

奖牌

背包

高尔夫球

鹰羽毛

耙子

铲子

探索任务的重点，但是，美国国家航空航天局（NASA）也在考虑回收人类留在那儿的废物。该项目称为涡旋氧化反应器技术实验（vortical oxidative reactor technology experiment，简称VORTEX），准备建设一种能够直接在太空中生产肥料，燃烧掉我们留下的部分废物的仪器。一些实验已经表明，在月球表面上，在特殊的温室里，可以种植植物。除了热量、水和二氧化碳之外，植物生长还需肥料。这种焚化炉即使在地球重力以外的环境下也可以工作，燃烧宇航员遗弃的废物，为这些新的太空种植园提供肥料。这种装置一旦实现，还可以直接在太空船上燃烧废物，并为长途旅行和火星探索开辟新的可能性。

被污染的白色冰川

　　提到北极，出现在我们脑海中的是无污染的白色冰川，一片片，延伸到很远的地方。但是不幸的是，如今北极圈不再是洁净无瑕的了：根据特罗姆瑟（Tromsø）的挪威极地研究所（Norwegian Polar Institute）研究人员的说法：在北极中存在大量污染物。其中多氯联苯和DDT（二氯二苯基三氯乙烷，1873年发明的杀虫剂，在整个19世纪上半叶广泛用于对付传播疟疾的五斑按蚊，由于其毒性作用而在欧洲和美国被禁止使用，但在某些非洲国家仍在使用）的毒性很大，且作用时间很长。然而，更危险的毒性是那些表面看起来对北极生态系统无害的塑料。

　　污染物顺着洋流转移，沉积在海岸上，或者与浮游生物一起留在水中，塑料在水中保持悬浮状态。但是，塑料材料暴露在日光下，随着时间的流逝，会分解为微米塑料和纳米塑料。微小的小塑料片被海洋动物误认为是浮游生物而误食，然后再被较大的动物（如熊或人）食用。这样，塑料迅速进入了食物链。为了熬过北极地区冬季的严寒，生活在极地的动物们身体存有大量的脂肪，这些脂肪将它们与外界的严寒隔离开来，在食物稀缺的时期，脂肪可转换成热量来代替进食。

污染物被吃下去就在体内沉淀、积累，如果动物能够保持饱腹和健康，脂肪就可以和有机体以某种方式来对这些污染物进行过滤，但是，如果动物出于某些原因进食不足而需要燃烧自己存储的脂肪时，污染物就会进入其循环系统，并且在短时间内攻击其内部器官。而且，如果我们人类吃的是进食过或者间接进食过污染物的动物，随着时间的推移，所有的我们的盘中餐最终都会变成污染物。

❖塑料已经到达北极，它们正污染着北极的环境，污染着食用了塑料的动物以及在此食物链后端的其他动物，包括人类。

温室效应：一个迫在眉睫的问题

"千分之一的人做到了。"这是詹尼·莫兰迪（Gianni Morandi）的一首歌里的歌词。

二氧化碳，化学式为CO_2，我们应当尽可能少制造……但是我们应该做什么呢？二氧化碳分子在地球大气中的浓度为0.036%，就如你突然中彩票的概率差不多。然而，它浓度虽低，却是构成温室效应微妙机制中的重要因素之一。在温室效应的影响下，地球不再是宇宙中流浪着的一颗冷冰冰的球体，而是无数种生命的摇篮。但是现在，人类产生的二氧化碳在破坏着、威胁着它迄今为止都在保护的生命形态。我们行星表面的平均温度为14℃，通过吸收来自太阳的电磁辐射并一直维持着该水平。

来自太阳的电磁辐射，有三分之一会被反射回去，三分之二会被大气层接收——约20%被云层吸收，约50%穿过大气层到达地面并被地面吸收。而地面同时也会发出反射，只不过在遇上大气层时，大部分又被反射回来。重新反射的辐射频率不同于最初太阳辐射的频率，并且主要以红外线的形式出现。这就是问题所在，红外线被所谓的温室气体吸收，具有增温效果，从而形成了温室效应。而温室气体在大气中明显占少数，因为氮和氧分别占了大气的78%和21%，而它们带来的温室效应微不足道。相比之下，造成温室效应的主要原因是均匀地分布于大气中1%的水蒸气，以及在大气中含量极低的二氧化碳和甲烷。

❖**让我们在地球上得以生存的温室效应，现在却对我们产生了不利影响。**

尽管现在水蒸气的含量很低，但二氧化碳在其中起着至关重要的作用。二氧化碳起着调节器的作用：它的变化会引起大气温度的变化，进而改变水蒸气含量，这对温室效应会有很大的影响。这是一个微妙的平衡机制，任何微小的变量都会引起巨大的反应。这就是为什么二氧化碳是自工业革命以来人类一直在生产的最危险的"废物"之一。

改变了自然平衡，导致温室气体排放量持续增长，以及随之而来的全球变暖的生产活动有许多：大量使用化石燃料来发电、运输，将其用作工业能源，用于家庭供暖，还有垃圾填埋、农业和集约饲养、森林砍伐等。

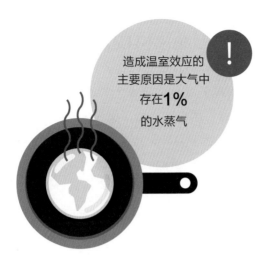

造成温室效应的主要原因是大气中存在**1%**的水蒸气

如今，大气中的二氧化碳浓度已达到过去80万年来的最高水平，远远多于之前提到过的0.036%。"千分之一的人做到了。"莫兰迪唱道……每一千个人中其实只有一个人正在着手改变我们的生活环境。

❖二氧化碳是我们生产的最危险的废物之一，因为它正在极大地改变我们的环境。

地球不只是温室

　　尽管温室效应的科学比喻被广泛运用，但是将温室效应定义为"在有太阳加热的情况下调节我们星球温度的过程"，这一说法并不完全准确。这个隐喻始于1824年，当时法国科学家让·巴蒂斯特·约瑟夫·傅里叶（Jean Baptiste Joseph Fourier，1768—1830年）用数学的观点解释：考虑到进入到大气层下的辐射与再次被反射的辐射之间的平衡（因为所有物体都在一定温度下工作），如果不是被大气层包围，我们的星球将会变冷。为了验证自己的观点，他做了一个类比实验，他加热了一个木箱内的空气，该木箱有一个玻璃面可以模拟像温室一样暴露在阳光下的情况。与温室中的情况类似，空气被加热后，玻璃的表面会阻止热气从盒子中逸出。今天我们知道大气的作用要复杂得多，但是这个比喻至今仍在我们的脑海中根深蒂固。

在你的蓝色双眸里

　　"去飞翔啊，噢……去高歌啊，噢……在你的蓝色双眸里，很高兴来到这里。"这首有史以来最著名的意大利歌曲以特殊的方式赞美了蓝眼睛。这种颜色的眼睛稀少而独具魅力，廷德尔效应解释了其中的原因。该效应以约翰·廷德尔（John Tyndall，1820—1893年）的名字命名，他是第一个研究此问题的爱尔兰物理学家。虹膜——眼睛的彩色部分，实际上由

眼睛的虹膜由三层组成：
内皮、基质和上皮

三层组成，从内部开始，分上皮、基质和内皮。基质由结缔组织组成，可能含有黑色素和褪黑激素。当光进入眼睛时，光会扩散到基质中。廷德尔认为，光的蓝色部分的扩散强度会比能量较低部分（如红色部分）的扩散强度更大。如果有褪黑激素存在，它会将部分光吸收，眸色就会较深。相反，如果缺少褪黑激素（对于蓝眼睛的人而言），正如廷德尔所设想的那样，光扩散至构成基质的颗粒（即让眼睛有颜色的部分）的外部，眸色就会是蓝色的。

但是，这与废物有什么关系？这要归功于廷德尔，他不仅是一名科学家，还是一名登山者，也是于1861年登顶魏斯峰（Weisshorn）的第一支队伍中的一员。出于个人爱好，他开始对冰川问题及为什么几万年前覆盖北欧的冰川会消失产生了兴趣。

在这些研究中，廷德尔在1859年通过实验证明，大气中存在的某些气体（如水蒸气和一氧化碳）可以捕获地球散发的部分热量，从而为解释温室效应奠定了基础。

❖ **廷德尔效应告诉我们，蓝眼睛背后隐藏着什么。但这与废物有什么关系？**

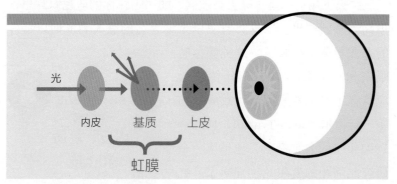

➚ 廷德尔效应中光通过虹膜的路径

温室气体

二氧化碳（CO_2）

二氧化碳分子由一个碳原子和两个氧原子组成。它可以通过燃烧化石燃料（煤、石油、天然气）、固体废物和木材，或在某些化学变化过程中产生并进入大气中。例如，在水泥的生产中，二氧化碳既是煅烧反应的结果，也是石灰石生产水泥必不可少的结果。在碳本身的自然循环中，植物会吸收二氧化碳，将二氧化碳从大气中清除。

甲烷（CH_4）

甲烷由碳原子和氢原子组成，在煤炭开采、农业（如在稻田土壤中生成，或在动物的消化过程中以肠胃气的形式排放）、城市垃圾填埋场和在化石燃料的生产及运输过程中产生。尽管甲烷在大气中的浓度要比二氧化碳低得多，但它作为温室气体的效力极强，是二氧化碳的30倍左右。因此，甲烷在全球变暖中扮演着重要角色。

废品里的科学

全球变暖潜值（GWP）

全球变暖潜值是计算每种温室气体致使全球变暖的潜能。全球变暖潜值主要用于衡量特定温室气体对全球变暖的影响。这些值是针对特定时间区间计算的，通常为20年、100年或500年。例如，将100年中会产生的二氧化碳的GWP设置为1，甲烷则为30，氮氧化物为298，三氯氟甲烷气体（通常称为CFC-11）为4 750。

一氧化二氮（N₂O）

一氧化二氮是农业活动的产物，因为使用氮基肥料和粪料而产生。除此之外，在工业活动中使用化石燃料也会产生氮氧化物。

氟化气体

氟化气体，例如氢氟碳化物、全氟化碳、六氟化硫，是在各种生产生活过程中排放的强温室气体。氢氟碳化物最广为人知的应用应该是作为空调和冰箱中的制冷剂。

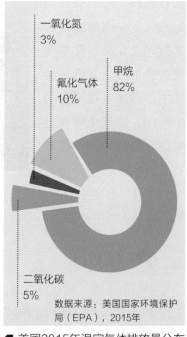

一氧化氮
3%

氟化气体
10%

甲烷
82%

二氧化碳
5%

数据来源：美国国家环境保护局（EPA），2015年

➚ 美国2015年温室气体排放量分布示例

燃烧化学

    燃烧是一种快速的化学氧化过程，在此过程中，一种物质（燃料）与一种称为氧化剂的助燃剂发生反应。在燃烧中，化学能转化为热能，通过火焰释放热量，通常还释放电磁辐射（光）。氧化作用，最初是用于表示物质与氧气发生反应的术语，更准确地说是一种被氧化物质失去电子，而氧化物质获得电子的过程。举个例子，比如呼吸：呼吸时，空气中的氧气被吸入人体，通过化学反应产生水、二氧化碳，还有能量，并在呼气时排出。在燃烧情况下，氧化剂通常是氧气，而燃料可以是天然的或人工生产的气态、液态或固态物质。当燃料是化石或生物来源的燃料（如木材）时，因其包含碳，因此，燃烧时会生成二氧化碳（CO_2）。一个典型的例子是甲烷（CH_4）的燃烧：$CH_4 + 2O_2 \rightarrow 2H_2O + CO_2$。在缺少氧气的情况下进行燃烧时，还会产生有毒的一氧化碳（CO），极其危险。

> ❖ 燃烧将化学能转化为热能。

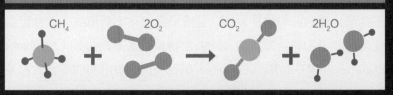

CH_4 $2O_2$ CO_2 $2H_2O$

↱ 甲烷燃烧公式

被扔掉的食物

　　在西方国家，食物浪费非常严重，不幸的是，扔掉可继续食用食品这样的习惯仍在延续，且浪费量也在不断增加。受欧盟委托调查并于2016年发布的《欧洲食物垃圾水平评估》（*Estimates of European Food Waste Levels*）报告指出，被浪费的粮食占世界粮食产量的1/3～1/2。该数据来源于多个渠道，而且包括了多种类型的"食物浪费"，这份数据显示被扔掉的食物里不仅包括在家庭日常生活中扔掉的食物，还包括由于市场价格太低而被遗弃在田间的部分农作物，以及食堂和农场的剩余物资、工业生产的废料。显而易见的是，食物垃圾的数量是巨大的。仅欧盟地区，食物浪费就有约8 800万t（2012年的估值）。这相当于欧洲平均每个公民每年要浪费173 kg食物。结合欧盟在2011年人均生产约865 kg食物的情况来看，其浪费量约为20%。换言之，每5包意大利面中就有1包、每5个鸡蛋中就有1个、每5罐酸奶中就有1罐被扔进垃圾桶中。在欧洲，2012年与食物垃圾相关的成本估计为1 430亿欧元，其中2/3成本（约980亿欧元）由消费者承担。值得一提的是，该报告显示，被扔掉的食物中约有60%仍然是可食用的，且每浪费1 t可食用的食物就相当于浪费了3 529欧元。

❖我们丢掉的不只是包装。每天有很多可食用的食物被当成垃圾扔掉。

2011年，
欧盟人均生产约
865 kg
食物

我们吃什么食物就变成什么

　　1862年，德国哲学家路德维希·弗尔巴哈（Ludwig Feuerbach，1804—1872年）发表了《你吃什么就是什么》（*L'uomo è ciò che mangia*）一文，文章从人的身心紧密结合这种思想出发，认为改善人们的精神状态需要从改善人们的营养开始："食物理论在伦理和政治上具有重要意义。食物进入血液，血液进入心脏和大脑，从而进入思想和情感方面。食物是人类文化和情感的基础。如果想要提高人民的生活水平，而不仅仅是慷慨激昂地呼吁反抗罪恶，那么请给他们更好的营养。吃什么食物就变什么。"如果我们浪费什么食物会变什么呢？

❖食物垃圾已经成为不可忽视的温室气体排放源。

推陈出新

在整个有人类生活痕迹的历史上，人们不断追逐最新的技术创新，并购买昂贵的商品，例如手机、电脑或鞋子。这些东西最多使用2年就会被替代、被淘汰，而这被普遍认为是一种正常的现象，这种思想在21世纪达到了一个顶点，在我们今天看来，由技术革新或者是品味变化而影响个人选择的观点是由伯纳德·伦敦（Bernard London）于1932年提出的。他的论文里有一篇文章《通过有计划的淘汰来结束萧条》（*Ending the Depression Through Planned Obsolescence*），其中将易老化的物品（以及消费者的品味）作为支持以商品和服务的供需为基础的资本主义经济理论。在20世纪30年代，美国和世界其他地区正处于1929年开始的危机之中，伦敦提议通过制造不再耐用、有限使用次数的商品，从而有效地迫使消费者购买更加频繁。

与此同时，这也奠定了消费主义的基础和历史上生产空前数量废物的基础。

↗ 我们购买的商品通常都是被特意做成"短命"的

被计划的"过时"并不是什么新鲜事，因为它可以追溯到 **1932年**

只要有生命就有粪便

　　毫无疑问，人类在产生这种东西后，肯定希望尽快消除它。我们生产的数量还很多，通常每人每天生产100~250 g，或者说整个地球每天有大约10亿kg。这是生活中的基本问题，却也是尴尬和废物的源头，如果不用委婉的语言都不好去谈论它。现代社会的粪便有一种奇怪的命

❖拒绝提供有关我们生活的信息⋯⋯

运，它从刚开始存在到最后几个小时一直陪伴着我们，其实排泄物与我们的生活紧密地联系在一起。在一本谈论废物的书里不得不提到粪便，因为它们能够告诉我们很多事情：首先，粪便体现着我们的健康状况，我们能够从对粪便的医学分析中获得宝贵的信息，以至于粪便的监测已遍及整个人群样本，这类检测可以用于预防大肠癌。其次，粪便还关系到整个国家的健康状况，世界上有60亿人使用手机，却只有50亿的人可以使用干净体面的厕所。有10亿人被迫在卫生条件没有保障的露天场所满足他们的需求，而这对健康，尤其是对儿童的健康造成了巨大影响（仅在印度，每年就有11.7万名5岁以下的儿童因腹泻而死亡）。联合国为自己设定了一个目标，到2030年，消除户外排便现象。科学家针对易于安装和管理且价格便宜的厕所，进行了大量研究和技术创新。技术创新方向包括回收我们的废物（排泄物）和动物排泄物，例如，研究将其转化为能源和肥料的方法，从而降低其对环境的影响。试想一下，全球饲养的动物每年会产生大约70亿t的二氧化碳，占人类制造的温室气体排放总量的14.5%。发生这种情况是因为反刍动物在消化过程中会释放出气体（众所周知的肠内气体），还有与动物养殖和粪便施肥有关的其他活动。科学家还致力于回收宇航员的小便；研究下水道，防止有毒物质传播；生产人造粪便用于验收厕所；完善可以根除结肠疾病的粪便移植；通过粪便化石来研究史前文明。简而言之，这些有关排泄物被忽视的问题确实很重要。即使谈论它们会被认为是不礼貌的，这也使我们觉得可笑，但没办法，我们还将继续讨论这个问题。

❖排泄物的处理是国际科学界非常重视的话题，原因有很多。

垃圾分类

　　减少（reduction）、重复使用（reusing）、回收（recycling）、恢复（recovery）：这是垃圾分类最重要的4个R，即我们尽力减少和处理我们地球上的垃圾而制定一系列政策、行动方针和流程。这种分类方式被世界主要经济体接受——在欧盟委员会或美国、澳大利亚环境保护机构的文件中都可以找到。废物等级呈倒金字塔形状：最高一层是应该优先选择易于广泛传播的处理方式，然后一层一层下来，是较不理想的并且不希望能够被传播使用的方法。

　　第一个R，"减少（reduction）"。正如人们常说的"预防胜于治疗"，这句话同样适用于垃圾处理。也就是说，处理垃圾的最佳方法无疑是不产生或者至少大幅减少数量。为此，有必要鼓励社会团体、企业和政府最大限度地提高资源利用率，减少生产物品所需原材料，降低不必要的消耗。还有，我们应在产品设计过程中，尽可能地考虑使用可回收材料，避免使用不环保材料；而在生产过程中，也要尽可能地降低能源消耗，且尽量使用环保能源。在选择物品包装时，应该遵循少用的方式，避免使用一次性物品，首选可生物降解的产品。对于剩菜也可以选择食用而不是扔掉它们。

第二个R，"重复使用（reusing）"。减少垃圾非常重要的一点是，避免丢弃那些经过适当维护即可继续使用的产品，或是重复利用产品上的组件。电器、打印机、墨盒及衣服、家具都可以重复使用。

无法重复使用的东西要尽可能地回收，这就是第三个R，"回收（recycling）"。

实际上，大多数废物都可以回收利用且具有很多好处：

· 减少扔进填埋场的材料数量；

· 减少温室气体排放量和常规的污染物；

· 节约能源，从而刺激绿色技术的发展；

· 提供就业岗位；

· 减少使用从自然界中获取原材料。

实际上，塑料、纸张、玻璃、金属（甚至是珍贵的金属）都可以由回收材料制成。欧盟委员会的一份报告显示，回收铝可以节省生产新铝时所需能源的95%。

最后是第四个R，"恢复（recovery）"。即能量回收，比如一些废物可以成为发电机或建筑供暖系统的燃料。废品在工厂的焚化炉里转换为能源，燃烧废物的能量以此得以回收。

❖ 我们必须减少废物的产生，我们制造出的废物必须回收、再利用、循环利用。

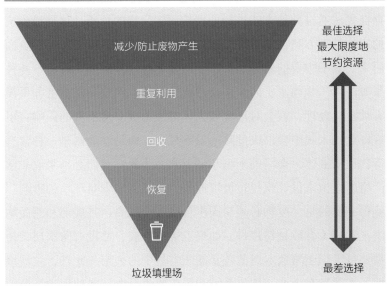

减少/防止废物产生

重复利用

回收

恢复

垃圾填埋场

最佳选择
最大限度地
节约资源

最差选择

↗ 垃圾分类管理的4个R

焚化炉的建造常带来争议，在设计和操作阶段都必须遵守非常严格的规则。为了有效焚烧垃圾，特别是有害垃圾，它们必须在非常高的温度下工作，它们的排放物（灰尘、二噁英和其他有害化学元素）也需受到严格控制。尽管目前欧洲对于垃圾焚烧的标准非常严格，但还是应该将其用量降至必要的最低限度，这不奇怪，因为它们在垃圾分类处理方式的倒金字塔中处于倒数第二位。根据欧洲垃圾发电厂联合会（Confederation of European Waste-to-Energy Plants，简称CEWEP）的数据，法国是建立垃圾焚烧发电厂数量最多的欧洲国家，有126家，其次是德国，有99家，意大利有43家。就这些工厂处理的垃圾量而言，德国以每年2 500万t的处理量排名第一，其次是法国的1 470万t和英国的790万t。意大利每年处理630万t。

在倒金字塔的底部，最后一个选择也是最不理想的选择，是垃圾填埋（refuse landfill），也是一个R。垃圾填埋场是永久性存储无法通过其他方式进行处理的固体废物的场所。这是最传统的废物处理方法，但也是最糟糕的方法，因为它带来了多种负面后果。其中主要的后果是会产生甲烷和渗滤液——一种由于各种来源的水（如雨水）的作用而形成的液体。甲烷和渗滤液如果没有被正确处理，就会对环境和人体健康造成非常不利的影响：甲烷释放到大气中会形成危险的温室气体，而渗滤液则是一种含有毒物质的液体，会污染土壤和地下水。为此，我们必须采取非常严格的措施来设计现代垃圾填埋场，尽可能减少对环境的影响。值得一提的是，废物必须与周围环境完全隔离，其底部和侧面均由土工膜（合成材料片材，如聚乙烯）制成，并设有防水层，还需要每天用土壤或木屑覆盖暴露于空气中的表层。此外，垃圾填埋场必须具有沥滤液排放系统和甲烷收集系统。在使用垃圾填埋场时，必须避免将未分类的垃圾直接做填埋处理。意大利也执行了欧盟垃圾填埋指令（99/31/CE），只有有机碳含量低的和不可回收的材料才能进入垃圾填埋场，垃圾处理还应优先考虑堆肥和回收利用，在这些方面仍有很长的路要走。根据意大利国家环境保护研究所（ISPRA）2017年的城市垃圾报告显示，有25%的城市垃圾仍在通过垃圾填埋场处置，而由垃圾焚烧厂处理的则占18%，约2%的垃圾被送到工厂用于重复生产产品和发电，废物回收的比例为45%。

回收铝可以
节省生产新铝
所需能源的
95%

收集垃圾的方式

意大利有上千个村庄和上千座钟楼，使用各种收集垃圾的方式。比如，我们大多数人已习惯于在早上看到一辆压实机将垃圾箱清空，而在威尼斯你看到的垃圾则是乘着游船，不是在贡多拉上，而是在装有起重机的高效船上。这些起重机会把小垃圾箱吊起（操作员一个接一个地收集垃圾），上面还配备有可以收集不同种类垃圾和可以压实垃圾的机器。在巴勒莫省（Palermo）的卡斯特布鲁（Castelbuono）和因佩里亚省（Imperia）的蒙泰纳多利古雷（Montalto Ligure），垃圾是在驴背上进行分类收集的。因为动物可以穿过狭窄的街道和小路，而这些地方机械难以到达或是无法到达。用动物来进行垃圾分类不用缴纳印花税和保险，当然，消耗的"燃料"也更便宜。

在松德里奥省（Sondrio）的诺瓦特梅佐拉（Novate Mezzola）山区，这里的村庄拥有清新的空气和开阔的视野，这些村庄需要乘坐索道进入山谷，然后才能到达。这里的垃圾同样需要索道运输出去。

第二章
污染环境的隐患

　　首先，人类传承下来的是生命，然后才是知识、情感和传统。如此已经发展了数千年。但是现在有些事情陷入了困境，因为我们还继承了数量前所未有的垃圾。有时我们将它们隐藏起来，有时我们将它们随意丢弃在环境中，还常常毫不节制地制造垃圾。我们制造它们，并将它们留给我们的后代。环境受到污染并急剧恶化，这是为后世子孙们留下巨大的生存隐患。

不存在的（塑料）岛

　　太平洋是地球上最大、最深的海洋，它的面积比所有陆地面积的总和还要大。然而，尽管它体积巨大，并且拥有地球上一半以上的液态水，但仍无法藏下数量令人难以置信且还在不断增长的垃圾。这些垃圾中数量最多的便是塑料：渔网、瓶子、塑料袋和塑料桶，还有一些块状塑料——长度从几厘米到几纳米不等。这些垃圾如果漂浮在海洋中，它们并不会随意飘散，而是会被洋流和海风聚集到某一个特定的地点。"塑料百慕大三角"呈漩涡状，由集中在海面上方和下方的垃圾组成，堆积几米深，绵延数千米，它们被称为垃圾场或"垃圾岛"。在这中间，除了塑料，还有藻类、浮游生物、细菌和其他各种物质。这些"岛"中最大的一个形成于加利福尼亚和夏威夷之间的高压区域，其延伸范围尚不清楚，且推算值也有很大的差异：它的面积在70万km²（比西班牙和葡萄牙国土面积的总和还大）到1 000万km²（比美国的国土面积还大）。第二大的垃圾集中区位于日本东南沿海，但太平洋并不是唯一有这个问题的地方，在北极、南极、大西洋乃至地中海，漂浮着的塑料的密度也在不断增加，在某些情况下也会形成大量的垃圾堆积。

1	香烟过滤嘴 2 248 065
2	食品包装 1 376 133
3	塑料瓶 988 965
4	塑料盖 811 871
5	鸡尾酒吸管和搅拌器 519 911
6	混合塑料袋 489 968
7	塑料袋（购物袋） 485 204
8	玻璃瓶 396 121
9	饮料罐 382 608
10	塑料杯子和盘子 376 479

在**91**个国家

收集到的数量最多的**10**种垃圾

这是2014年

国际海岸清理运动

22 000km海岸线上

单位：个

最好不要将他们称为"岛屿"，据美国国家海洋和大气管理局（National Oceanic and Atmospheric Administration，简称NOAA）称，这是一种不应被使用的错误术语。美国国家海洋和大气管理局在1988年首先设想了这些垃圾堆积区的存在，这一点几年后被证实确实在海里存在。

　　根据专家的说法，不能使用"岛屿"一词的原因在于"岛屿"让人感觉是在海洋中漂浮着一块垃圾形成的巨大土地。但事实并非如此。实际上，即使在这些区域中聚集着广泛分布的塑料垃圾，但大多数塑料仍是以零散的状态分布，有的甚至小到可以逃脱强大的卫星监控。这使得我们很难估计出在海洋中散布的塑料数量。大量塑料不是位于水面而是位于水下，或者是位于水面以下几米处。塑料不会被生物降解，但另一方面，它会光降解，也就是说，它会分解成越来越小的碎片，直到恢复到组成它的聚合物大小为止。然而，即使这些聚合物肉眼不可见，它们仍然难以生物降解。有人认为在这些"海洋垃圾填埋场"中存在着能够以此类物质为食的生物群落，但到目前为止，这一观点尚未得到证实。更糟糕的是，由于漂浮在水中且体积很小，塑料颗粒很容易被鱼类和其他海洋动物误认为是浮游生物而吞食，从而使得这

❖**如果废物堆积区变成真正的岛屿会怎样？**

些塑料垃圾进入食物链。即使"塑料岛"的"土壤"足够坚实稳固，根据《联合国海洋法公约》（*United Nations Convention on the Law of the Sea*），要被认定为一座岛屿，那么它还必须满足能够维持人类居住和经济生活的条件，很难想象这会在将来发生。因此，从法律上来说，将塑料堆积物视作岛屿是不成立的。

但是，如果这些塑料堆积物真的变成了岛屿会怎样？这个想法在一定程度上给了艺术家玛丽亚·克里斯蒂娜·芬努奇（Maria Cristina Finucci）一些创作灵感——艺术家的作品有时恰恰在于颠覆规则。在联合国教科文组织（UNESCO）和意大利环境部（Ministero dell'Ambiente Italiano）的赞助下，她创建了"垃圾填埋场——荒原"（garbage patch state — wasteland）艺术项目。这里，大量垃圾堆积，被称为一个"垃圾之国"。4月11日是意大利的国庆节，这个日子也是"垃圾之国"首个使馆在罗马的马克西当代艺术博物馆的总部开幕的日子。

漂浮还是下沉?

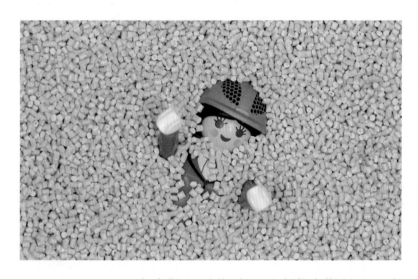

　　"Eureka!"（古希腊语：我找到了！）锡拉库萨城的阿基米德（公元前287年—公元前212年）突然大喊着从浴缸中裸着跑了出来。他在城中四处奔跑，宣告他已经解决了锡拉库萨·希伦二世所提出的问题。阿基米德被希伦二世要求找出证据验证有嫌疑的诈骗犯是否犯罪——希伦二世委托金匠给他制作纯金皇冠，并向对方提供了制作皇冠所需的黄金，然而，皇冠制成后，希伦二世怀疑金匠用了一种不那么贵重的金属（如银）代替了部分黄金，只不过在其表面用了一层黄金来掩盖。但要想在不破坏皇冠的情况下，鉴定出皇冠所含的黄金量是否等同于他所提供的黄金量，该如何证明呢？历史学家维特鲁威斯（Vitruvius）谈论起阿基米德

❖ 抛向海中的塑料是否会漂浮在水面，阿基米德会告诉您答案。

理论（这一理论最早由阿基米德提出，如今这个原理以他的名字来命名），阿基米德在洗澡时发现，浸入液体中的物体受到了向上的浮力，而浮力的大小等于它排开的液体的重量。因此，阿基米德认为，虽然将等重的镀金皇冠和金块分别放在两个刻度盘上并不会显现出差异，但是一旦将它们都浸入水中，两个刻度盘的表现就会有所不同。皇冠和金块都将受到浮力，浮力不等于其本身重量，而是等于所排开水的重量。皇冠中银的密度小于金，掺银的皇冠体积就会更大，排水量也会更多，天平所显示的结果将不再平衡。事实也确实如此，皇冠的体积确实比金块要大，他们因此揭露了金匠的欺诈行为。

1 : 5

是当今海洋中塑料和鱼类数量的比例

数据来源：
欧洲塑料

对于垃圾，特别是塑料制品，阿基米德原理在预测其命运方面被证明格外有用。塑料一旦进入海水中，会下沉还是上浮？要解答这个问题，首先要知道，将塑料视为单一材料通常是不正确的。有许多类型的塑料材料，它们的成分决定了它们的可回收性及它们在水中的命运。密度较小的塑料会漂浮在海面，大约占总数的10%，它们顺着洋流和海风在海上漂流；相反，剩余的90%的密度较大的塑料会随着水流下沉，并与其他沉积颗粒一起堆积在海床上。

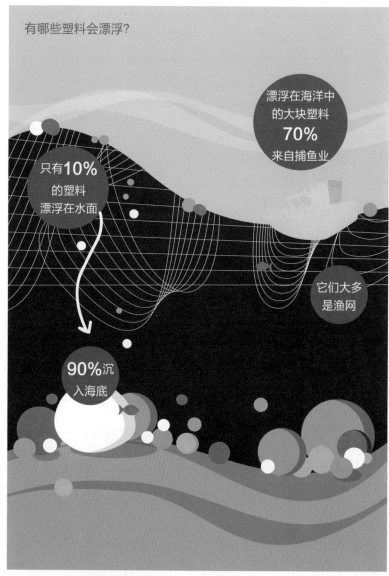

有哪些塑料会漂浮？

漂浮在海洋中
的大块塑料
70%
来自捕鱼业

只有**10%**
的塑料
漂浮在水面

它们大多
是渔网

90%沉
入海底

数据来源：联合国环境署（UNEP），2016年和挪威极地研究所（Norwegian Polar Institute）

塑料时代

欢迎来到"塑料时代",一个新的地质时代。当未来的考古学家找到了我们生产的塑料和那些经过数百年甚至数千年而遗留下来的塑料时,或许会以"塑料时代"来给我们这个时代命名。

通常,术语"塑料"用于表示很多种材料,其中包括许多合成聚合物——聚氯乙烯(PVC)、聚乙烯(PE),最常用的聚对苯二甲酸乙二醇酯(PET),以及所谓的绿色塑料或生物塑料。前者是由石油制成,后者是由植物来源的生物制成。不同的来源决定了塑料是否具有生物降解性或其生物降解性的高低。聚合物是由自然界中存在的高分子组成的天然高分子化合物（例如，用来制造纸张和脱氧核糖核酸的纤维素），也可以通过选择分子相互吸引的特性来实现合成。聚合物的类型很大程度决定了塑料材料的性能。能够降解不同类型聚合物的环境条件也各不相同，这些条件在很大程度上会受到地域的影响，所以"微生物可降解的"这个形容词在没有进一步的说明下被使用的话显然是不恰当。例如，要在合理的时间范围内完全降解并分解成初始成分（如水、二氧化碳和甲烷）的普通生物可降解购物袋，就需要约50℃的温度。用于分解塑料瓶子的温度要求更高，需要3 400℃——这对于大自然来说很难做到。另外，可生物降解的塑料在水中和陆地上的情况也不尽相同。出现在海岸或海岸线上的塑料，会暴露在紫外线下并不断地被海浪冲刷，它们会很快分裂成小碎片（在温度较高的地方分裂更快），一旦它们被沙子覆

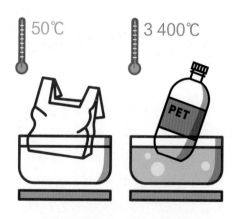

❖经历了缓慢的降解过程，最终几乎消失不见的，就是可生物降解的塑料。

盖或漂回海中，分解过程就几乎停止。由于海洋环境情况极为复杂，变化多端，开展的研究仍然很少，而且数据难以相互比较。总的来说，尽管聚乙烯的生物降解非常缓慢，在热带的温暖水域中仍有可能会发生；但实际上，其他经常用于生成塑料的聚合物（如丙烯或聚氯乙烯）在自然环境中并不会发生生物降解。那些在特定条件下可以在陆地上分解的材料，在海上则需要花费更长的时间，而且并不能总是成功。生产真正的可以被生物降解的聚合物实际上是可能的，但是其生产成本会比目前的成本昂贵很多，这显然会减慢这项技术的引入速度。

注意使用餐具

　　根据牛津大学（University of Oxford）的研究，食客感知到的食物口味会根据所用餐具的类型、颜色和成分而发生变化。例如，用塑料汤匙吃酸奶似乎会使酸奶质地更浓稠，风味更浓郁。但是，如果您想亲自体验这么做是否会提升口感，那么请抓紧时间。为什么这么说呢？例如在法国，根据法国议会于2016年8月30日投票通过的第1170号法令，2020年法国已禁止使用一次性餐具，如杯子、盘子。禁止出售和生产一次性餐具，除非它们包含至少50%生物来源的原材料且可以达到家庭等级的堆肥标准。但

这到底是什么意思？生物来源和家庭堆肥原料的定义已经不止一次使人皱眉苦恼，立法者不得不在法令中写入非常繁琐的规范：除化石或已融入地质构造中的那些材料外，所有生物来源的材料均被视为生物材料。总之，除了石油，其他所有都是生物材料。

法国自2016年7月以来，与欧洲许多其他国家一样，也实行了限塑令。然而，如果所有地方都禁止使用传统塑料制成的餐

❖**在法国，从2020年起不再使用塑料餐具。**

在美国，每年有
250亿个
咖啡杯被当作垃圾丢在垃圾桶里
!

具，会令生产商感到担忧，因为他们担心会发生连锁反应。以欧洲食品饮料包装制造商协会（Pack2Go）为代表的欧洲组织已经宣布，他们将抗议这项法令，并求助于欧盟针对该法令采取法律行动，该法令被指控违反了在欧盟领土上货物自由流通的规定。其支持法律诉讼的论点是多种多样的。该组织认为，没有证据表明可堆肥餐具对环境的危害要小于100%的塑料餐具。此外，据该组织的发言人称，限塑措施可能会传播一个错误的信息：未来的有机塑料盘子、杯子和刀叉具有生物降解性，因此可以被随意地遗弃在环境中。

生物降解性

　　思考、饮食、做梦、旅行、建造、破坏和爱，有多少美妙或偶尔糟糕的事情有"氧、碳、氢和氮"这4种化学元素的参与。这4种化学元素占了人体重量的96.2％。其中，碳将我们与其他所有生物有机体联系在一起，碳元素的存在是有机化合物的特征，几乎所有有机分子中都包含碳元素。这些分子，无论其如何复杂，都要经历生物降解的过程，在细菌、真菌和微生物等作用下，都要被分解成更简单的分子或无机化合物，如水、二氧化碳和矿物质。这是非常重要的过程，因为它实现了自然资源的再利用。生物降解产生的分子可以循环利用，这是大自然一直以来用以管理废物的系统。人们在了解其运作原理之前就已经知道："你必汗流满面，才有饭吃，直到你归回尘土！"——圣经旧约《创世记》（Genesi）。生物降解几乎把所有东西都"溶解"了，从生活垃圾到石油，但它的反应是需要时间的。不幸的是，

氧、碳、氢和氮
占我们体重的
96.2%

今天，我们制造垃圾的速度远远超过了自然生物降解的速度，而且已经难以平衡。

❖ 生物降解是一个自然过程，几乎可以"溶解"所有东西。但是我们没有留给它足够的时间：我们飞快地生产着大量的废物。

从反应堆到医院

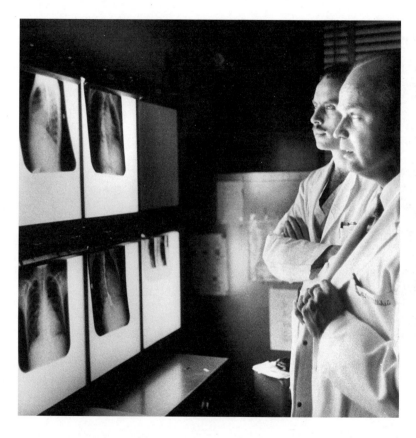

　　20世纪60—70年代，百代唱片（Electric and Musical Industries，简称EMI）无疑是赫赫有名的音乐唱片公司，旗下包括甲壳虫、海滩男孩等乐队，以及乔·科克尔（Joe Cocker）、弗兰克·西纳特拉（Frank Sinatra）等歌手。除了与歌迷们的一系列活动外，百代唱片还组织了更奇特、更具影响力的事情——

在医学领域进行了广泛而有益的研究活动，也就是致力于诊断成像的研究。就在同一时期，英国的工程师戈弗雷·霍恩斯菲尔德（Godfrey Hounsfield）和南非物理学家艾伦·麦克劳德·科马克（Allan McLeod Cormack）制作了计算机断层扫描设备的第一台原型机。计算机断层扫描设备就是众所周知的CT扫描仪，如今已成为医院必不可少的诊断工具。霍恩斯菲尔德和科马克因为这项发明于1979年获得了诺贝尔医学奖。计算机断层扫描可能是医学上最著名的物理学应用案例，但并不是唯一，还有许多其他应用案例。例如，核医学利用核技术来获得有关人体功能的详细信息，并应用于治疗诸如肿瘤等疾病。为了达到这个目的，人们经常使用放射性同位素，特别是不稳定的原子，其以电磁辐射或粒子的形式放射能量。估计每年有1万多家医院共执行约4 000万例放射治疗服务，并且该数据一直呈增长趋势。这类治疗通常能够挽救生命，但是需要严格管理伴随着治疗所产生的相关废物。诸如注射器、针头、吸收性元素和手套之类的材料实际上可能会含有放射性残留，必须非常小心地进行处理。但是，医学中产生的其实只是人类通过各种核技术和非核技术产生的放射性废物中的一部分。

在核能发电厂，生产电力所产生的炉渣在处理起来要更加复杂。在核裂变过程中，重核（如铀）会放出中子，释放出大量能量。裂变的产物是放射性核，会一直存在数十万年，带来严重的环境问题，这对子孙后代来说将会是沉重的"遗产"。随着

❖**数十年来，物理学在医学上的应用都取得了非常重大的成果。**

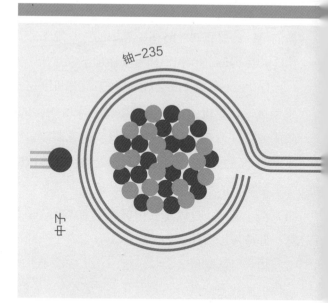

↗ 铀-235裂变图

发展中国家对能源的需求不断增长，核电的应用可能在未来几十年不可避免。至少核电仍然是除太阳外，能为我们提供取之不尽的清洁能源的重要方式。因此，核能发电工厂的炉渣处理和存储在今天是非常重要的话题，在工厂的建设和运行中，这是一个更加复杂的问题。对于核燃料的炉渣，当前的处理方式是，在特制的水池中浸泡几年使其冷却后，再用玻璃或陶瓷将其包裹，或用惰性气体将其储存在钢制容器中。

从长远来看，这些容器应该储存在深地

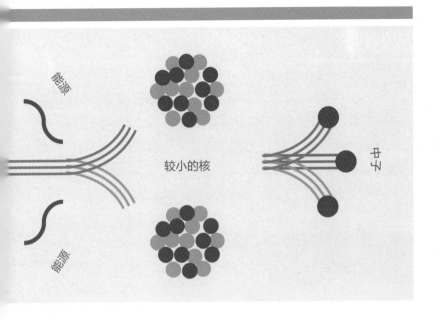

能源

较小的核

能源

中子

质处置库中，许多国家正在建设这些项目。例如，芬兰正在奥基卢托岛（Olkiluoto）上建造昂卡洛（Onkalo）核废料永久储存库，预计将储存10万年。

每年有
4 000万例
放射治疗

在1万家
医院中

放射性

原子核由质子和中子组成，由于强烈的核相互作用力——核力，而保持在一起。但是，在某些情况下，这种力量不足，原子核就会碎裂、破碎，这个过程被称为放射性衰变。因此原子核可以发射粒子或电磁辐射。放射性衰变的一个重要值是平均寿命。其平均寿命的定义，从统计学上讲，就是原始放射性物质衰变时间的平均值。平均寿命因放射性元素的不同而有很大差异，这里仅举几个例子：比如从层析成像中用于医学的同位素氧–15的122秒到碳–14的5 730年，再到铯–135的230万年。放射性现象是一个既可以自然产生也可以人工产生的过程，通常是用中子轰击稳定的原子核。自然放射性的一个非常著名的例子是碳–14，它也用于考古学中确定文物的年代。放射性会对人体健康造成严重影响：在放射性过程中产生的电离辐射会损害细胞，并可能导致各种严重的疾病。

❖ **放射性物质衰减需要多长时间？**

逃离雾霾

　　媒体几乎每天都会报道交通堵塞的事件。这些事件的直接后果之一就是雾霾——污染城市的"罪魁祸首",更具体地说,这个"罪魁祸首"有一个奇怪的缩写名字:PM_{10}。这到底是什么意思?PM代表颗粒物,在空气中对应的是被称为细微颗粒物的固体颗粒和液滴的混合物。数字10是它们的直径,相对应的测量单位是μm(微米)——10 μm=1/10 000 000 m,这

PM_{10}
的直径是
1/10 000 000 m

大约是1根头发直径的1/5，或者是1粒沙子的1/10。颗粒物由灰尘、烟雾颗粒、煤烟、烟灰和多种化学物质组成。PM_{10}不仅仅是人类活动的结果，它们也产生于自然中的土壤侵蚀、森林火灾和花粉传播等。因此，我们所呼吸的空气中存在一定浓度（随位置而异）的PM_{10}被认为是正常且不可避免的。不幸的是，在这种情况下，人类还经常做出一些破坏平衡的事情。由于化石燃料的使用、工厂废气和车辆尾气的排放，在近10年里，我们空气中的颗粒物浓度大幅提高。因此，当前空气中的大多数细颗粒物是人类活动的"废物"，并且会对人体健康产生严重的影响。PM_{10}及更细微的颗粒物（如$PM_{2.5}$，它的直径为2.5 μm）非常细小，可以在人体呼吸时被吸入。它们甚至可以进入肺部，在某些情况下还能够进入血液。最近，国际癌症研究机构将细颗粒物列入第一组致癌物中。这些致癌物对人类来说是最严重和最危险的，会导致严重的肿瘤和心肺疾病。2011年在权威科学杂志《柳叶刀》（*The Lancet*）上发表的一项研究表明，暴露在交通拥堵的环境中是造成血管栓塞的主要诱

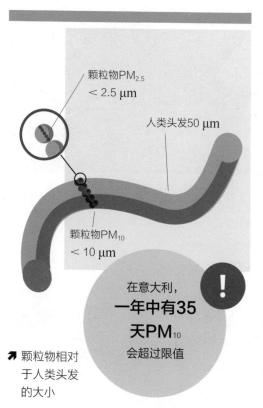

颗粒物PM$_{2.5}$ < 2.5 μm

人类头发50 μm

颗粒物PM$_{10}$ < 10 μm

在意大利，一年中有35天PM$_{10}$会超过限值

➔ 颗粒物相对于人类头发的大小

发因素之一。在大城市里，细微颗粒物的存在是显而易见的，这也引起了生活在城市中的人们的高度关注，监测细微颗粒物已成为日常。当颗粒物的浓度超过一定的限值时——尤其是在冬季，当交通的贡献值与供暖的贡献值叠加时，人们通常会采取一些对策，如车辆限流、限号出行。不幸的是，这些措施通常只是权宜之计。长期有效的解决方案是全球采取控制排放的策略，在工业中引入用于过滤和拦截颗粒物排放的现代技术，在能源生产部门中，尽可能减少类似煤炭燃烧污染物的排放量，在运输方面大力推动电动汽车的发展。同时，我们要不断地发展可再生能源。

智能手机上的PM$_{10}$

空气质量检测数据已经能够在我们的智能手机上看到了。除了地区环境保护机构的网站外，还有许多应用程序（在苹果商店和安卓商店可以找到）也会提供世界城市空气质量和颗粒物水平的实时数据。这些数据在你想要去一个城市旅游或参观时需要关注，在我们的日常生活中关于本地的数值报告也值得关注。特别是在冬季，当细颗粒物的水平较高时，最好避免在户外进行不必要的活动，尤其是需要消耗大量体力的活动，因为进行这些活动需要更大的呼吸强度。

多氯联苯（PCB）

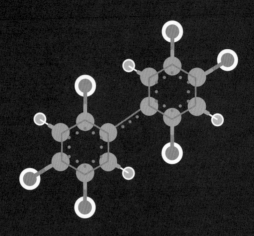

　　多氯联苯，也称为PCB，是一类化合物，于1881年首次从石油和焦油中合成。由于具有很高的化学稳定性，多氯联苯不易燃。同时，因其卓越的绝缘和隔热性能，在大约半个世纪的时间里，它被广泛用作弹力剂、增塑剂和阻燃添加剂，用于生产变压器、电容器、抗寄生虫药和油漆。从它的发明到20世纪80年代，尽管在许多国家已经被禁止生产和使用，但据欧盟委员会估计，其产量也已经超过100万t。事实证明，多氯联苯具有高度的持久性，如今在环境中及在旧的电气设备、塑料、建筑物内部仍然能发现大量的多氯联苯。由于多氯联苯会在生物体中积累，并且能够进入水循环系统，因此被认为是巨大的环境污染物。另外，随着时间的推移，多氯联苯已显示出对动物的免疫系统、肝脏、神经系统和生殖系统具有多种毒性作用。

❖世界上有超过100万t的高污染多氯联苯（PCB）。

尼亚加拉大瀑布旁的垃圾

　　"爱河"（Love Canal），这个名字听起来像是梦中的情景，是企业家威廉·T. 洛夫（William T. Love）的作品，可惜最后变成了一场噩梦。1890年，这条人工运河在尼亚加拉大瀑布附近修建，并因为与尼亚加拉大瀑布很近而闻名，其修建目的是美化一个新的居民区。后来，为保证瀑布流量，美国政府禁止从瀑布引水，这条人工运河被迫关闭。1920年左右，它被用作城市生活垃圾和工业垃圾填埋场。在20世纪40年代，胡克电化学公司（Hooker Electrochemical Company）获得了将运河作为工业废料倾倒场所的许可。

　　在短短的10年中，这条运河掩埋了超过2.1万t的化学物质，包括染料、香料、橡胶溶剂和合成树脂。1953年，运河被填满。1954年该地区进行了规划——在原垃圾填埋场上方建造了包括住房和学校在内的社区。然而，可怕的事实很快就被揭露在世人面前：地窖里出现了充满恶臭的有色液体，土地下沉形成漂满油污的腐烂池塘，花园里的植物不断死去，居民们也开始生病。在20世纪70年代末，该地区已经很明确地显示出污染的严重程度，人们已经无法在这里生活。1978年，疏散工作开始。2004年，这些位于"爱河"上方的建筑被永久封闭。

❖ **爱河：一处工业垃圾仓库，距尼亚加拉大瀑布仅几步之遥。**

水银温度计

　　直到2009年之前，在意大利，所有最常见的温度计里面都含有汞，俗称水银。这些温度计是玻璃做的，在使用之前需要用力甩几下，里面的液体就会沿着内壁向下流动，让刻度表"重置"。它们一

❖ 曾经有一段时间，在测量体温时，会用到一种液态金属——水银。

且破裂，就会从里面流出一种奇怪的、沉重的、银色的液体，这种液体会立即凝结成或大或小的球。这种液体就是水银，常温常压下唯一的液态金属。但它有什么用呢？温度计的工作原理是材料的热胀冷缩。当温度升高时，物体体积会改变，通过对这种变化的测量，如在像温度计那样的玻璃管，你可以"读取"温度。也就是说，温度的测量转换为一种更容易展现的方法：对长度或体积的测量。水银具有很好的自身适应性，因为它具有很高的热膨胀系数，能在较大的温度范围内保持液态且易于观察，因此可以精确测量。热胀冷缩是物理学上很常见的现象，并具有重要的实际作用。例如，在建造铁路轨道和桥梁时必须考虑到这一点。如果你观察过轨道，你可以轻松地看到伸缩缝。这些伸缩缝也出现在桥的两端（想一想汽车在桥的起点和终点发出的轻微震动，我们就能注意到这一点）。

但是，如果它们如此好用……为什么水银温度计会从市场上被撤下呢？原因在于水银是有毒物质，且非常危险，是世界卫生组织（World Health Organization，简称WHO）列出的对人类最有害的十大化学品之一。这种金属直接挥发到空气中（如在温度计破裂时产生）和以甲基汞形式进入食物链，都是有毒的。它可以损害神经系统、消化系统、免疫系统和各种器官。如今，温度计中的水银已用酒精代替，甚至还有不再需要任何反应性液体的数字温度计，通过电阻测量来确定温度。

−38.83℃
是水银的熔点

第三章

变废为宝

　　手机里的黄金？罐头里的钱？粪便产生的能量及轮胎制成的足球场？为了在不污染环境的情况下处理垃圾，有时我们必须付出代价，但只要有一点想象力，我们也可以变废为宝。从原材料到金钱，从健康的生活质量到对环境的尊重，废物以多种方式产生着价值，充满惊喜。它们的市场价值正在增长，特别是当我们开始进行垃圾分类后，它们将成为未来经济的主角之一。

循环经济

美国早餐谷物的消费量正在大幅减少，这个消息一开始并没有引起人们的注意。专门从事市场分析的宜必思世界公司（IBIS World）所做的一项调查报告显示，2016年美国谷物销售额大概在106亿美元，比2009年的127亿美元下降了17%。从关键数字和社会学的角度来看，这一趋势不容忽视。在美国，就受欢迎程度而言，牛奶和谷物的组合直到几年前仍然是一种与我们的

2016年,
通过回收塑料,
意大利节省了
9700 GW·h
的能源

面包、黄油和果酱一样常见,但最近的数据表明美国家庭饮食习惯发生了变化。大洋彼岸家庭的早餐发生了什么变化呢?

宜必思世界公司的研究分析了可能影响这一趋势的因素,包括人们更加注重健康饮食,不同的人有不同的生活和工作方式,吃早餐时间短。另一项市场调查显示,年龄在18~34岁的受访者(所谓的千禧一代),他们选择早餐的原因让人惊奇,几年前,

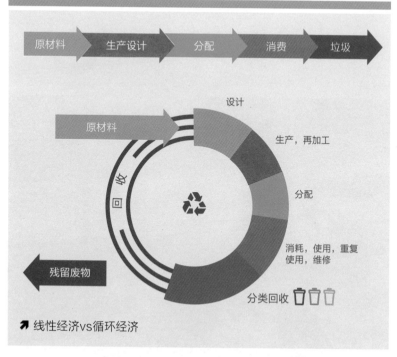

原材料　生产设计　分配　消费　垃圾

设计

原材料

生产，再加工

回收

分配

消耗，使用，重复
使用，维修

残留废物

分类回收

➹ 线性经济vs循环经济

他们还是谷物的主要消费者。但是今天，有39%的人认为喝牛奶和吃谷物并不方便，因为如果选择食用牛奶和谷物的话，还必须清洗碗碟！

　　这个答案不仅让人惊讶，而且还突显了一个严重的问题：我们的经济和生活方式越来越依赖于一次性物品。购买、使用、然后扔掉，这就是所谓的"线性经济"。它是基于这样一种假设：我们使用的商品必须遵循有限的生命周期，这从获取原材料开始，一直持续到将其转化为消费者使用的产品（中间产品和最终产品），以及随着经济过程中产品本身的处置和淘汰（经过一段时间后转化为废物）而结束。这种经济模式的口号起源于20世纪30年代的美国——拿走，消费，扔掉（take, make, dispose）。当初的假设是资源基本上是无限的，不会缺乏且容易找到的，甚至在资源的生命结束或不再需要它们的时候就会被淘汰。这是一种哲学，每个商品和每个产品都有起点和终

❖ **今天的新挑战是把经济打个"弯"以使其变成循环模式。**

点，而这个终点越早越好，因此你就可以（确实必须）更快地回购商品。但是如今，线性经济模式正处于危机之中，原因有很多，也都是大家有目共睹的，对不可再生自然资源的掠夺、污染，气候的变化，生物多样性的降低，土地质量的下降，废物产生指数成倍增长且承载这些废物的空间也在减少。这些仅仅是宏观意义上的几个例子，改变整个生产系统和整个经济模式的运作似乎是不可能的，那又该怎样应对这些挑战呢？

或许一种可行的办法是让这条"线性经济"弯曲。换句话说，就是转向循环经济。这是一种旨在不消耗地球资源的情况下进行更新的可再生型经济模型，其主要目标之一是在最大化利用资源的条件下，尽可能长时间地保存产品和材料，从而保持转化的附加价值并减少废物的产生。一个持续而积极的循环，是保持而不是浪费。再生是通过两种途径进行的：一种是生物材料，它们可以重新融入生物圈中；另一种是技术材料，它们可以在不失去价值且不以垃圾的形式进入生物圈的情况下重复使用。在循环经济中，生产和使用的整条链都需要被重新设计：产品设计不仅要考虑销售、使用和丢弃，还要考虑再利用、循环利用和循环再生。

从产品设计到新的商业模式和市场模式，从将废物转化为资源的新方式到消费者新的行为模式，循环经济意味着系统整体的改变，包括技术革新，也包括组织、制度的基本社会模式的变化及财政政策的转变，乃至各级政府都参与进来。简而言之，循环

经济一定意义上是重新回到了我们祖父母和曾祖父母那个时代的价值观——他们很少购买新产品，很少浪费。他们会把食物残渣（如果还有多余的）用来喂养动物或是用来给土地施肥，他们会把坏掉的物品的零件用来修理其他仍然可以使用的东西。而他们也并不会因此而不快乐，恰恰相反，他们乐在其中。

在意大利，
玻璃回收
利用率为
71.4%

每一个结局都是一个新的开始

　　自1988年以来，每年都有一队特殊的火车在意大利各地行驶，它就是"绿火车"（il treno verde）。"绿火车"是由意大利环保局和铁路局推动的车队，停靠该国的主要车站，通过举办展览等活动推广各种各样来自基层、来自人民或是其他人群分享的倡议，以促进环境的可持续发展，提高本国的宜居性。2017年的"绿火车"以循环经济为主题，对那些将实践循环经济、提高其价值的公司进行调查。关于循环经济发展的倡议有不少，光在"绿火车"的官方网站上查阅到的交互式地图就描述了其中的107种方式，从轮胎到尿布，从废物的再利用到将食品生产的废弃物转化为原材料。

　　根据"绿火车"的数据，在这些促进循环经济发展的举措中，有65%为减少原始原材料的使用，53%为限制了废物的产生，4%为节约了资源（水、能源和原材料）。在"循环"的篮子里，43%的是生产二次原料，34%的在生产过程中使用二次原料，36%的反复使用产品以减少废物产生。我们在循环经济的哪个生产过程中呢?我们是否参与其中了呢?

❖ **在意大利，有100多种循环经济倡议。**

原材料和二次原料

　　原材料的定义为通过开采自然资源而获得的材料，这些资源对于工业中生产其他商品来说是必不可少的。根据来源，可以分为农业、采矿业、食品加工业或其他工业原料。另外，还有一种更常用的分类方式就是将它们分为可再生的（包括植物和动物产品）和不可再生的（包括矿物燃料和矿物原料）。

　　二次原料的定义为源自废物回收和再循环的材料，以及源自原材料加工的残留物。塑料、玻璃或铝（仅仅只是举的几个例子）经过适当的回收和利用，可以再利用并转化为新产品，这就是利用二次原料的一个典型例子。

❖ 原材料二次回收利用的价值。

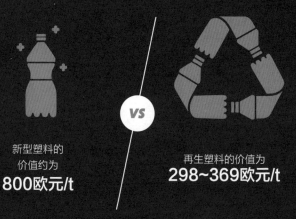

新型塑料的
价值约为
800欧元/t

VS

再生塑料的价值为
298~369欧元/t

数据来源：意大利国家塑料包装回收联合会（Corepla）2015年

轮胎、足球场和渔网

　　有多少足球场是由人造草坪做成的？隔音板是什么制成的？还有地上的线标呢？如果它们是用旧轮胎的再生橡胶制成的，那么可能就需要很多原料。自2011年非营利的生态轮胎公司（Ecopneus）成立以来，橡胶行业也开始实现循环经济模式。该公司由在意大利经营的主要轮胎制造商组成，旨在追踪、收集、处理和回收报废轮胎。当我们更换一个轮胎或整个汽车时，我们很少想到这一点，旧轮胎是一个很难处理的问

从2011年至2017年非营利的生态轮胎公司（Ecopneus）已回收了**超过100万t**的轮胎

题。燃烧后的橡胶会产生有毒气体，因而无法在垃圾填埋场处理；轮胎生物降解性差，不易腐烂，如果被遗弃在户外，内胎积水，会成为昆虫的理想栖息地。要知道，废弃的轮胎可不是小数目：2011年9月至2017年，生态轮胎公司已回收了超过100万t的轮胎。根据该公司收集的数据显示，该公司有义务每天向当地环保局报告其工作量，平均每天收集的废轮胎超过1 000 t。如果把它们一个接一个地放在一起，这些轮胎连起来的长度将会有大约40 km！回收它们，可用于建造操场，或是制作隔音板、防水沥青、家具及道路安全防护用品。所以它们的潜在市场巨大，环境效益和经济效益非常可观。尽管如此，仍有超过60%的报废轮胎用作燃烧能源，这主要集中在水泥生产公司。尼龙线生产商艾菲而公司（Aquafil）也很重视循环经济模式，该公司将回收的尼龙渔网制成了服装和地毯，如米兰时装周上用于时装秀的地毯，该设计获得了纽约美国时装设计师协会（CFDA）的时尚大奖。艾菲而公司生产的尼龙完全是用回收材料制成的，包括那些不能够再使用又有可能会污染海洋的渔网。要感谢该公司开发的创新工艺，目前新型尼龙材料可以实现无限次的回收利用。

❖轮胎可以变成足球场，渔网可以铺就豪华地毯。

橙子中的纤维

当循环经济遇到高端时尚，这些"废物"就变成了一种宝贵的资源。从生产到消费的圈闭合后，就变成了一个环形。圆圆的"橙子"完美地诠释了这句话。值得夸赞的是"橙子纤维"（orange fiber），一家来自加泰罗尼亚的年轻且屡获殊荣的公司，诞生于研究人员亚德里娜·桑多诺西托（Adriana Santonocito）和亨利·阿雷娜（Enrica Arena）的灵感，他们为从橙子皮或榨取橙汁后的残余物（橘络）中获得纺织纤维的工艺申请了专利。在意大利，特别是在该公司所在地的康卡达罗小岛上，这是一种特别丰富的"垃圾"：柑橘类水果加工量每年约为100万t，而橘络约占水果加工重量的50%。橘络是一种特别笨重且难以处理的废物，人们进行了各种尝试，想过把它们作为农业肥料、动物饲料或是作为人类的食品添加剂使用，但结果都不尽如人意。只有部分橘络被重复利用于沼气生产。但在今天，这里还有另一种方式，这种方式得益于桑多诺西托的研究：橘络首先由卡尔塔吉罗内的一家公司转变为纤维素，然后转变为纱线，再变为织物。这种材料有着一种特别令人愉悦的触感，类似于丝绸。意大利设计师菲拉格慕（Ferragamo）对此产生了兴趣，并在2017年将其用于创作他的独家系列。当然，研究并不会就此止步，在未来，从橙子中获得的纤维素甚至可以展现出对皮肤有益的特性。

物流托盘的作用

在世界范围内，用于运输货物的托盘几乎与世界人口一样多。根据部分统计，仅欧盟和美国就有大约50亿流通中的托盘。它们可能常常被忽略，但事实上，"托盘推动着世界"（pallets move the world）这句话源于美国弗吉尼亚理工大学（University Virginia Tech）包装系统研究中心布鲁克斯中心（Brooks Center）入口处的一座雕像，该雕像的底部刻着这一个生动的比喻。如今，这些物流托盘大多数仍然是由木材制成。木材是一种珍贵的材料，可以用于各种用途，因此在每次使用后也可以用于新的地方。

显而易见，该领域的重复利用率正在不断增长。如果你在互联网上搜索一下，你就会发现这一点，也许你还可以找到一些能够在周末实现的创意，其中最受欢迎的是将托盘再用于家具制作。

埃奈尔绿色电力公司（Enel Green Power）遵循循环经济和共享价值的原则，将重点放在木材的再利用及其相关项目上。该公司正在进行的其中一个可再生能源生产项目的目标是重复利用太阳能电池板和电缆运输的托盘来建造太阳能公园。在巴西、南非和墨西哥等国家中，木托盘、线轴和其他废旧材料成为太阳能公园的常见用品。当地社区会组织木工培训，用木托盘制作不同的篮子，以及长椅、凳子等家具，甚至玩具，并将这些出售给学校和其他社会组织。

葡萄皮革

在你意识到它们是什么东西之前，你就已经用上了由各种果皮、种子、葡萄梗制成的皮带或包包。由詹皮耶罗·泰塞托雷（Gianpiero Tessitore）和罗弗里托·贝吉拉斯（Vegeasrl di Rovereto）设计和制作的新型的纯植物皮革，无论是在外观上还是触感上，都与动物皮革非常相似，因此，很难区分它们。然而，这一新型植物皮革对于动物皮革来说，可能会有很大的不同，因为这种称为"葡萄皮革"的新材料，正如它的名字所指出的那样，来自葡萄酒制品的废料，完全是"零残忍"（cruelty free）的，因为不需要用猎杀动物这样的残忍方式来生产。

世界上每年有260亿L葡萄酒生产出来，其中还会提取出来一些副产品——近70亿kg的葡萄残渣。新获得的专利可以对葡萄纤维和油脂进行处理，能将其转化为植物皮革。植物皮革似乎是专门为素食主义者和动物保护者设计的。它与合成皮革或所谓的"生态"皮革不同，它是在无需一滴石油的情况下生产而成的。此外，它还解决了酿造葡萄酒所产生的废物处理问题。

然而，这种新材料可能会在那些喜欢酒的人中间引起强烈的反对。除非生产商保证，这种新产品的生产不会影响到酒的品质。

❖ **废弃的葡萄残渣还可以用于生产手袋。**

可回收的金属

利用800个易拉罐可以制造一个铝制的自行车。这是由再生铝制造的自行车，铝包装协会（Consorzio Imballaggi Alluminio，简称CIA1）用它来推动铝这种重要金属的再利用。铝是100%可回收的，但不是唯一的一种可以回收的金属。铜也可以，它是人类使用历史最古老的金属之一。目前发现第一批人工铜制品的历史可追溯到公元前1万年，第一批开采的铜矿可追溯到公元前5世纪。铜元素的拉丁文名称cuprum（化学符号Cu的来源）源自塞浦路斯岛，罗马人在此提取了铜。铜是极好的电导体，它不是磁性的，在潮湿的空气中氧化非常缓慢，且易延展，因此，应用在许多技术上，特别是在电气工程和电子领域。由于这些特性及发展中国家不断增长的需求，铜具有很高的商业价值：每千克约6欧元。这也使它经常成为被盗窃的目标——主要是电缆盗窃，通常会损害基础公共服务，如运输和电力供应。幸运的是，盗窃的情况正在减少。根据意大利内政部的数据显示，2016年前10个月的铜盗窃案比2015年同期下降了45.4%。

❖ 铜是一种非常受欢迎的材料，起源很古老，但使用很广泛。

我们手里的金子

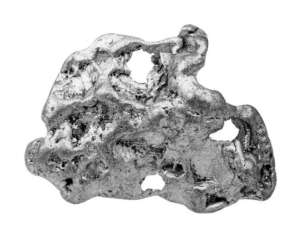

　　"从矿山中提取1 g黄金大约需要1 t矿石。"这句话出自2014年7月2日的一则新闻。这则新闻是当时的欧洲环境专员雅奈兹·泊托尼克（Janez Potočnik）发表的。但如果不是接下来这段话，它肯定也不会引起记者们的注意：通过回收使用过的41部手机，从手机电子元件中所包含的金属，可以提炼等量的黄金。这段话得到各种权威数据的支持，其中包括联合国大学可持续发展高级研究所（UNU-IAS）。该研究机构在一份报告中表示，据估计，2014年全球生产的电子垃圾中黄金含量约为300 t，占2013年矿山中生产的黄金量（2 770 t）的11%，另外还要再加上1 000 t白银、100 t钯、1 650万 t铁，190万 t铜、2.2万 t铝，估计价值约350亿欧元。

　　这就是电子垃圾通常被称为城市矿山的原因，对它们的管理还涉及非常复杂的问题。不管怎样，我们最好在把旧手机扔进垃圾箱之前好好想想！

瓶子回收器——反着的自动贩卖机

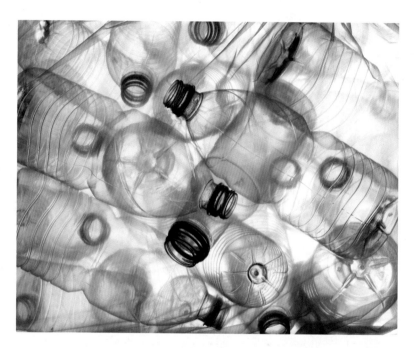

有一种机器会"吃"进瓶子吐出钱——和自动贩卖机正好相反，这没什么奇怪的，至少在德国，这种机器在超市、食堂和许多公共场所都很常见。这种机器能够提高各种瓶子和罐子的再利用率和循环利用率。原理很简单，当你购买瓶装或罐装产品（啤酒、酸奶、软饮料等）时，除了卖方规定的价格外，你还需要支付容器的价格。而当你将空的容器退回时，你所支付的容器费用就会得到退还。因此，"吃瓶"机器开始发挥作用，它可以快速

❖给包装一个定价？回收从未如此简单和便利。

有效地收款，并为顾客提供可在超市消费或在结账时兑换现金的凭单。机器有一个圆形的开口，容器可以水平放入。借助传送带，容器会被移入机器内部。接着，内置的秤会检查容器是否已空，如果没有，则将其送回。然后会有一组光学检测系统检查条形码、标签及瓶子的轮廓和形状，以识别其是否在卖方接受的可回收产品数据库内。如果评估结果是肯定的，下一步控制系统会将需要压缩的可回收瓶子（通常是塑料）与需要重新使用的瓶子（玻璃）分开，重新使用的瓶子将会整体存储。瓶子回收器是加强道德行为的有效工具：一个空的矿泉水瓶价值25美分，那么谁会把它扔在大街上？在德国，有数以万计的此类设备，并且它们也开始在其他国家和地区普及。

分类支付

2016年，意大利国家塑料包装回收联合会（Corepla）向米兰市政当局（或其授权运营商）捐款2.79亿欧元，以支付实施塑料包装单独收集服务的额外费用。

数据来源：意大利国家塑料包装回收联合会，2017年

化石燃料

　　如今，世界上约80%的能源来自煤炭、石油和天然气。这3种燃料被称为化石燃料，源自拉丁语fossilis，即"从挖掘中得到的东西"。fossilis来源于动词fodere（挖掘），地质学中的fossile（化石）一词一般是指地壳中存在属于在地质年代的动物或植物的遗体、遗物或遗迹。事实上，我们目前能源的主要构成就是生活在数亿年前的史前动植物。这些古老的生物死后，残骸被泥土、岩石和沙子层掩埋，有的上面覆盖着海洋和溪流，在经过了数百万年后，它们会逐渐分解并形成各种化石燃料。例如，石油和天然气就是源自水中的生物，如藻类和浮游生物。在地下热能、细菌和地层压力的共同作用，把它们"煮熟"了，从而产生了石油，在地下更深处且温度更高的状态下，还会产生天然气。类似的情况也产生了煤炭，其原始材料是树木和植物。煤形成的盆地经常被海水覆盖，当这些海退去时，水里的硫黄也留在了煤里。而今天，硫已成为煤炭燃烧中要控制的主要污染物之一。

❖ 在地壳中挖出宝贵的废物，它们是化石燃料。

碳

无论是对于接收者还是购买者，赠送钻石和赠送铅笔完全是两回事。但其实钻石和铅笔都是由碳构成的，这是元素周期表中的第六个元素。实际上，它们恰好是该元素的两种形式，或者说是同素异形体。用于制作铅笔芯的石墨是其较软的形式碳，它也被用作某些类型的核反应堆的中子慢化剂、润滑剂及（以石墨烯的形式）在电子领域的应用。钻石是其最坚硬的同素异形体之一，不仅用于珠宝，还用于各种工业领域，如切割和铣削。碳还用于冶金，在机械中将碳以一定比例添加到铁中以生产钢或铸铁（以大于2%的百分比使用）。它与凯夫拉纤维（kevlar）一起，可用于飞机、赛车、自行车和其他运动器材的结构中，既具有抗撞击性，又具有轻便性。

上厕所也能赚钱是有道理的

你在寻找一种既能增加收入又能帮助别人的方法吗？如果你年龄是18～50岁，身体健康，身材匀称，那么你很适合去体验美国的粪便银行（open biome）的服务。只要你的肠道正常，事实上，这也是成为粪便捐献者和"改变病人的生活"的必不可少的条件，除了接受包括血液和粪便分析在内的初步体检外，"改变病人的生活"，这句话也是粪便银行的座右铭。

粪便银行起源于一群医学生的想法，就像在其网站上可以查阅到的那样，它是一个粪便库，每年可满足超过50万名感染了艰难梭菌（*Clostridium difficile*）或患有其他用抗生素无法治愈的细菌性结肠疾病的美国人的需求。艰难梭菌是一种可以生活在人类结肠中的致病细菌，会产生能引起腹泻和肠道炎症的毒素。霍尔（Hall）和奥图尔（O'Tool）两位美国科学家鉴定了它的"身份"，他们于1935年2月发表了相关的研究结果。对于这种疾病，通常会用抗生素治疗，但这种治疗并非没有副作用。在健康的肠道中，艰难梭菌与其他细菌竞争，其他细菌可以制衡它，从而对生物体起到帮助作用。抗生素可以净化细菌生态系统，可以产生非常耐药的孢子，从而使艰难梭菌失去其天然的抗原，并令

人体中的微生物群

微生物群是我们消化系统中存在的所有微生物——细菌、真菌、病毒，它们与我们一起生活，对我们的免疫系统至关重要。

↗ 谁想成为粪便捐
献者？在美国，
这是一项崇高的
事业，您甚至可
以从中获得经济
利益

其失衡。据粪便银行的数据显示，在接受抗生素治疗的患者中，有1/5的患者会复发。

粪便移植（fecal microbiota transplant）似乎是一种更有效的选择。粪便移植，简而言之，就是将健康供体的粪便移植到患者的肠道中。移植的效果尚不清楚，但人们认为，通过移植健康的粪便有助于对抗艰难梭菌。据估计，通过粪便移植治疗成功的概率在80%~90%。近年来，通过这种方式治疗的案例数量也正在急剧增加。相较于2014年的1 835例，2015年为7 131例，总共有超过300 kg的粪便用于治疗。

您每天都会做的最重要的事情！

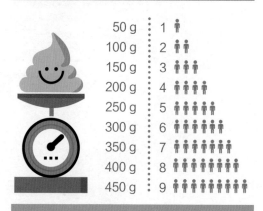

粪便量	患者
50 g	1
100 g	2
150 g	3
200 g	4
250 g	5
300 g	6
350 g	7
400 g	8
450 g	9

数据来源：粪便银行

这项技术似乎在医学界引起了越来越多人的兴趣和关注，意大利的大学和医院也开始使用它，美国食品药物监督管理局（Food and Drug Administration）从2013年开始对这项技术进行监管。从2015年底开始，除了通过结肠镜进行移植，胶囊也可以使用了。由于需求量多，粪便银行开始寻找捐献者。他们每天会向捐献者支付40美元的样品费，只要捐献者愿意每周5天（总共至少60天）向马萨诸塞州（Massachusetts）的粪便银行办事处捐赠粪便。也就是说，对于那些非常认真对待这件事的人来说，每周会得到200美元，每年会获得1万美元。据说踩到大便会带来好运，这也许是对的，但是，把大便用在正确的地方会更好！

艰难梭菌

可以生活在人类结肠中并产生毒素的致病菌，会引起腹泻和肠道感染。

粪便的能量价值数十亿美元

什么东西和金子一样值钱，或者说价值差不多？你不会想到是粪便吧？然而，根据联合国大学水、环境和健康研究所（UNU-INWEH）的一项研究显示，如果将全球人类一年的粪便作为燃料适当回收，其价值可能高达95亿美元。

让我们从数据开始谈起，尽管有不同的评估方法和不同的结果，还有许多影响因素，比如体重、性别和饮食等，但可以肯定地说，一个人每天平均可产生约130 g的粪便，准确地说是128 g。这是一群英国学者最近在《环境科学与技术的批判性回顾》（*Critical Reviews in Environmental Science and Technology*）杂志上发表的一篇文章中提到的数字。用这个数字来乘以365天，世界上有70亿人口，因此，每年在地球上生产3 270亿kg的粪便。我们的粪便除了含有营养物质外，也可以是一种能量来源。出于好奇，我们对它做了研究，结果得到一个惊人的数字。首先，在粪便的厌氧消化过程中，即在没有氧分子的条件下，它们被微生物降解时，会产生沼气。根据研究，沼气中60%由甲烷组成，其平均热量含量为25 MJ/m³，与天然气（38 MJ/m³）相比并不低。其次，粪便中的干残渣可以燃烧，其能量含量类似于煤炭。甚至我们的液体排泄物（尿液）的价值也不例外。根据联合国大学以瑞典人口为样本所做的研究报告显示，1m³的人类尿液包含约3 600 g氮、310 g磷、900 g钾和300 g硫——所有这些都是像黄金一样极具价值的元素，可以用于生产肥料或直接使用（世界卫生组织的一项指令规范了农业中粪便的安全使用）。如果地球上所有的粪便都被转化成沼气，它们的价值将达到数十亿美元。但是由于各种原因，这是一个充满雄心却并不容易实现的方案。在心理上，使用粪便的情感障碍并不小。

在使用此类固体燃料时必须仔细测试，这不仅是出于安全性的考虑，也是因为污水排放口中还可能包含不适合家庭使用的化学物质。

利用粪便的这些好处远远超过了纯粹的经济利益，并推动着这一领域进行进一步的研究，并在研究报告中提到的"健康废物计划"（waste to health），能让我们看到一种新的可能性，即以一种创新的、既可分散配合又可集约管理的方法进行粪便回收，这种方法适用于农村和小型城镇，可以有助于解决严重缺乏厕所问题，吸引社会关注和外部投资。

❖ 我们的粪便富含宝贵的元素，让我们回收它们吧！

粪便无线局域网和特殊"养老金"

粪便无线局域网

在墨西哥城，狗的粪便价值不菲。墨西哥的首都面临着一个长期存在的问题，那就是粗心的主人不能满足他们忠实的四条腿朋友的如厕需要。因此，特拉电话公司（Terra）想

出了一个创新的广告，在城市公园里安装一种特殊的狗屎收集系统，叫做粪便无线局域网（poo Wi-Fi）。

这是一种自动称重的设备，它可以自动给狗主人放入的粪便袋称重，而且这个机器连接了特拉电话公司的移动网络系统。作为回馈，在机器附近的狗主人可以连接并免费使用无线局域网，而且，可以使用的时间与他们放入的粪便量成正比。这样再也不会收不到电子信息了，感谢你忠实的狗狗朋友，就像广告视频中保证的那样。但是如果你想看一部电影，你最好养一只圣伯纳犬而不是吉娃娃犬！

特殊"养老金"

一头母牛每年可产生约10 t的粪便，所以如果可以将其重复使用会是一件好事。事实上，有机肥料越来越受追捧，在都灵的卡沃尔，第一个奶牛粪便农场诞生了。在一些农场里，有老牛和老马从被屠宰的命运中解救出来，人们专门饲养它们以生产肥料。这些肥料会在花园里被重复使用或者加工、转售。由此，牛和马支付了它们的"养老金"，农民也尝试了一种新的商业模式。

购买粪便

艺术家皮耶罗·曼佐尼（Piero Manzoni）是第一个把粪便装在罐子里销售的人，1961年，他制作了90罐"艺术粪便"。如今，这些粪肥装在750 g的盒子里，放到超市的货架上了。它被称为真实的粪便（real shit），你可以在世界各地

❖ **有助于植物生长的元素有16种，粪肥中就包含了其中的3种，它是一种非常宝贵的自然资源。**

的各种商店里购买，只需不到6欧元。但是这比在牛棚里花的钱多，在牛棚里你可以以2欧元/kg的价格买到牛粪，并且同样可以获得有着"顶级有机肥料"保证的标签。被提议用来为果园和花

园施肥的粪肥主要是由母牛和鸡生产的，根据古代农民的"粪肥堆"传统，它们需要"沤熟"9个月，其间至少要翻7次。这样的肥料富含氮、磷和钾——这是植物生长必不可少的16种元素中的3种。粪肥是一种极好的肥料，它是数百年来农业的基本资源。不仅如此，在印度的农村地区，用干粪烧火做饭是一种非常普遍的做法，还有一些传统的特定仪式中也保留了这样的做法。直到几年前，在典型的石炉中燃烧这种非常便宜的燃料还很容易找到，但随着时间的推移和人口的增长，找到这种燃料变得越来越困难。因此，为了得到需要的干燥粪便，今天许多家庭都只能使用互联网去购买。在亚马逊、E-bay和其他购物网站上，你可以在家就能买到粪饼（dung cake），但是它的销量在直线下降。这些粪饼是由农村妇女手工制作的，燃烧时平均每块粪饼释放出约2 100 kJ的能量，相当于6 mL的石油燃烧所释放的量。但是与此同时，它们也释放出各种有毒气体，威胁着大部分时间都待在家里和通风不良的厨房里的妇女和儿童的健康。

❖ **有些人甚至用粪便来烹制美味的午餐，但要注意：不是作为午餐配料！**

印度人使用的粪饼每块约可释放 **2 100 kJ** 能量

相当于用威士忌酒杯装的两杯石油释放的能量

秘鲁的业务

　　不仅是踩到粪便会带来好运，捡到它也会。对于秘鲁和一些海洋岛屿而言，鸟粪（沉积在地层中几十米厚的鸟粪）是主要的出口项目之一。19世纪初，德国博物学家和地理学家亚历山大·冯·洪堡（Alexander von Humboldt）是第一个意识到这种非凡自然资源价值的欧洲人，他还广泛宣传了它，这些宣传给鸟粪带来了名气。此后，通过收集鸟粪，人们获得了惊人的财富，并开始出口鸟粪。

　　就像如今每项高收益的国际业务一样，鸟粪也激发了各国的贪欲并引发了战争，就像咖啡、茶、香料和可可一样，当然还有石油。1864—1866年，西班牙对秘鲁发动战争并占领钦查群岛的关键目的就是对鸟粪的控制权。1856年，美国通过了《鸟粪群岛法》，该法令允许在未注册的岛屿上发现了粪便沉积物的美国公民可以合法对其加以利用。在今天，这种重要的"产品"主要来自秘鲁的鸬鹚、鹈鹕和鲣。这是一个在尊重生物多样性、尊重环境的情况下开展业务的典型案例。这种天然、有机肥料的收集是人工进行的，不用机械操作（因为这会使鸟类感到恐惧）。为了不干扰鸟类繁衍，人们还限制了一年里只有8个月能作业。对于产量较高的岛屿，从1月到12月都要对其进行监管，以防止偷猎鸟类和非法收集。在有机种植日益增长的大环境下，多亏了拥有的21个"鸟粪岛"，秘鲁成为了迄今为止这种原材料的主要生产国和出口国。为了确保鸟粪的产量和质量，政府不仅积极保护鸟类，而且还积极保护鸟类赖以生存的海洋生态系统，打击偷猎和污染行为，并积极防止过度捕捞鱼类。

鸟　粪

　　鸟粪是一种富含磷和氮的肥料，它们被收集起来出口至世界各地用作肥料。意大利语中的鸟粪guano来自安第斯人的原始语言鸟粪quechua和西班牙语中的鸟粪huanu。考古发掘显示，安第斯人在秘鲁沿海的小岛上收集鸟粪已经有1 500多年的历史了。西班牙殖民者的记录表明，这种珍贵的农业物质在印加帝国是多么重要。对进入鸟粪保护区进行管制，干扰到鸟类生产鸟粪的人可能会被处以死刑。

塑料制成的房子

　　我们周围几乎所有的东西都会发现塑料的成分：从衣服到电器，从汽车到家具，从食品包装到电子产品，塑料在日常生活中无处不在。甚至有人已经考虑过用它们来建造整栋房屋。哥伦比亚的初创企业"塑料概念"（conceptos plásticos，也是一个项目的名称）回收不可降解的垃圾，如塑料包装、汽车轮胎和电子残渣等，将其切碎后，合成一种混合物，并获得了专利。这种混合物可以制造出轻巧但非常坚固的砖块。这些砖块设计得像乐高积木一样，能完美地契合在一起，从而形成坚固且能支撑的结构。这种新材料制成的砖块在四周具有一个或多个凹凸面，就像乐高积木或三维拼图一样。要将它们组合在一起，不需要泥浆、沙子、胶水或水泥：把这些砖块拼在一起就可以了。用它们建造的房屋轻质、隔热，非常便宜，还可以自己动手建。

"塑料概念"是一个由具有强大社会使命和团结意识的建筑师、设计师和城市规划师组成的集体，他们有雄心勃勃的计划：创建一个可持续使用的大规模建筑，清理哥伦比亚的塑料，帮助成千上万的没有房屋的贫困家庭建造（塑料）房屋。塑料是当今地球上最多的废物，尽管一些欧洲国家取得了成功——通过回收利用和焚烧，他们几乎可以处理掉他们所使用的一切塑料物品（如瑞士的处理率为99.8%、奥地利的处理率为99.6%、荷兰的处理率为99.2%），但是，对于其他很多国家而言，情况却大不相同，一些发展中国家实际上已经快被塑料淹没了。

塑料的历史就是我们今天所说的成功的历史。天然橡胶的使用最早可以追溯到公元前2000年，但直到20世纪初，当有机聚合物与具有惊人能力的完全合成分子结合时，塑料才征服了世界。然而，延展性、耐久性良好且价格低廉的塑料也是"永恒的"。它的伟大成就以不断增长的产量为标志，其产量已从1950年的50万t增加到2015年的约3.22亿t。但是，从环境角度来看，这也可以理解为一个史无前例的灾难故事。诺贝尔化学奖获得者朱利奥·纳塔（Giulio Natta）的发现启动了塑料的工业化生产，聚丙烯至今仍然是世界上使用最广泛的塑料之一。自1950年以来生产的所有塑料中，只有一小部分被再利用，大部分则是被倾倒在地下或海洋中。事实上，我们几乎习惯了生活在塑料之中，塑料已经是我们的家了。

> ❖ 用乐高积木建造的房子是每个孩子的梦想。

第四章
生产能源和原材料

　　处理垃圾总是需要花费很多力气，还要消耗能源。对于这些垃圾，我们除了抱怨和自嘲还能做什么呢？幸运的是，一位英国酿酒师和科学家们发现了一些自然的基本原理，也就是热力学定律。根据该定律，我们知道通过技术和创造力，能量可以在一定程度上以其他形式部分回收。

能量不会丢失

　　在我们想要解释热力学原理时，垃圾桶和猪粪这类的问题不会是首先进入脑海里的例子。当然粪便和湿垃圾桶也有很多极具代表性的出色的节能实验案例，节能是治理世界的守则之一。

　　热力学第一定律是这样阐述的，能量既不会自己产生，也不会自己消失，而是会从一种形式转换到另一种形式。热力学第二定律对这些转换设置了限制，可以用这样一种假设来总结：热量永远不会自发地从寒冷的一方传递到温暖的一方。

　　人类对热力学原理的利用，从文明诞生之初就开始了。植物利用太阳能生长、变成食物，就是将太阳能转化为可用能源。这样，通过一系列转换，太阳的能量就被人转化为机械能，用于交通、耕种田地、建造工具等。如果能达成完全的平衡，从太阳到人类，这些过程中不会有任何的能量损失，当然在中间的其他过程里也是如此。今天，能源转换的基本原理是将主要能源（即已经存在于自然界中的煤炭和石油，以及风能、太阳能、水能）转化为二次能源（如电力和柴油或汽油等在自然界中不会自发形成的燃料）的基础。

考虑到在热力学第二定律中所建立的不可逆性，这也是我们实现效能的基础。实际上，我们都有这样的现实体验，我们在汽车中使用的一些汽油在热能转换中（在发动机及刹车系统中）被消耗掉，不能再用于其他地方。能源是可以转换的，正是这种转换使我们能够利用它来做我们需要做的事情：移动、加热、冷却、交流、构建……其中许多行动是在不同的时间和非常遥远的地方进行的，而可用能源的生产往往在固定的地点，如发电厂。如果想要运输能量，必须具有能够存储能量，并能够在需要的时间和地点使用的载体。我们可以有效地将能源输送到需要使用的地方，如燃料，由于化学键的作用，使分子中的原子保持在一起并形成化学键，将能量存储在分子本身中。当化学反应过程中化学键断裂且反应分子发生转化时，通常会以热能的形式释放一部分能量。比如甲烷的燃烧：甲烷分子与2个氧分子结合产生1个二氧化碳分子和2个水分子，并在这个过程中释放出能量。

❖ 从太阳到人，什么都没有丢失：热力学也适用于垃圾处理，垃圾都是能量仓库。

燃料能量阶梯

我们需要能量。在发展中国家，妇女和儿童平均每周要花费9~12 h收集柴火。尼泊尔女性有时甚至要花费2.5天的时间来做这件事（顺便说一句，男人们似乎只能坚持45 min，然后就停下了）。而为了达成同样的目的，即温暖我们的屋子和烹饪的需要，我们只需要打开电源开关或旋转燃气灶旋钮即可。因为，虽然能源在概念上来说是统一的，但在实践中，并非所有家用能源都相同。

家用能源可以用阶梯式的图表来说明。位于最低的台阶上的是最简单的生物燃料，如粪便、农业废料和木材。在上升的过程中，你会遇到煤和煤油等化石燃料；再高一点是天然气。阶梯的顶端是最现代化、最清洁的能源——电力。当我们在这个阶梯上一点点上升时，我们使用相应燃料的炉子会变得越来越干净、安全、有效。事实上，这不仅是因为这些燃料的种类，还因为它们的燃烧方式。例如，燃烧木材会释放出一氧化碳、苯和其他污染物质微粒，如果在通风不良的环境中燃烧，没有很好地排气，且燃烧效率低下，这会对健康造成极大的危害。当有了"更清洁"的替代能源可以使用时，也就意味着您可以上行一级，使用更高一级阶梯的能源了。但是，不幸的是，许多人仍然无法获得较高一级的能源。根据《2016年世界能源展望》（*2016 World Energy Outlook*）报告显示，有27亿人仍在使用传统的固体生物烧火做饭，这些人主要居住在亚洲的发展中国家和撒哈拉以南的非洲地区，占世界人口的38%，而且全球还有12亿人无法获得电力。所有这些都会对健康产生非常严重的后果。在封闭的家庭环境中燃烧简单的生物燃料会产生空气污染物，而每年约有130万人因此死亡，其中主要是妇女和儿童，因为他们在家待的时间更长。

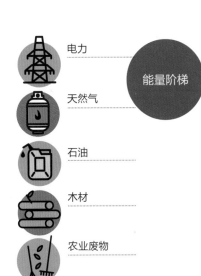

能量阶梯

电力

天然气

石油

木材

农业废物

粪便

能源贫困

能源贫困可能不如其他形式的贫困引人关注，但它同样严重。它包括缺乏现代能源服务。现代能源服务的定义是在家庭环境中提供电力，以及拥有在家中使用不会造成污染的烹饪设备。获得能源和清洁能源是人类发展和生活质量保证的基础。

有机发酵

沼气如何产生能量

　　农业食品工业产生的废物，农业残留物和有机废物正准备成为能源和热量。

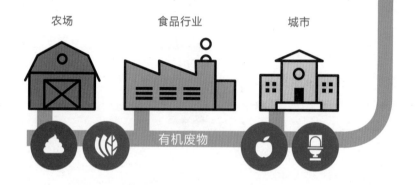

农场　　　　　　食品行业　　　　　　城市

有机废物

　　如果您碰巧和瑞典朋友一起去野餐，您看到他们携带的金属罐头（就像是装金枪鱼的金属罐头）似乎即将破裂，请不要担心。里面的东西可能是将要提供给您的多汁三明治中的一部分，即使它的气味也许并不是那么好，实际上它的味道可能会令人感到不适，也请您把它想成是美味佳肴。这是表面经过发酵的瑞典盐腌鲱鱼，或者说它是以一种可控的方式使鱼发生"变质"，如果这种说法你更能接受的话。

　　这是瑞典的一种传统街头美食，至少从16世纪就开始为人所知，在斯堪的纳维亚半岛有很多粉丝。撇开气味不谈，在把它放进嘴里之前，由于鲱鱼发酵产生的气体，盒子的变形无疑给人留下了深刻的印象。

　　发酵是新陈代谢的一种化学反应，碳水化合物被分解成更

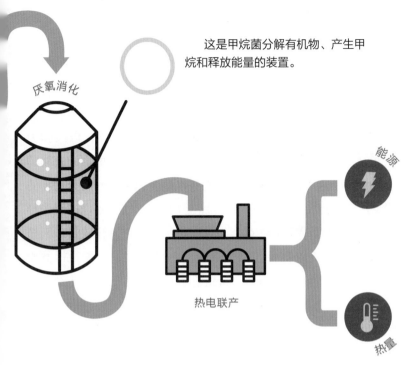

这是甲烷菌分解有机物、产生甲烷和释放能量的装置。

厌氧消化

能源

热电联产

热量

简单的分子，释放能量，这也是沼气产生的原理。沼气实际上是各种气体的混合物，尽管它的两个主要成分是甲烷（占比50%~75%）和二氧化碳（占比25%~50%）。沼气是通过发酵牲畜链中的废物（粪便、动物尸体、稻草等），即农业和农业食品工业的残余、有机废物和下水道产生的废物。在发酵过程中，名为甲烷菌的微生物会进行厌氧消化，也就是说，在没有氧气的情况下，这些材料被转化为沼气，这是一种营养丰富的固体残渣，也是一种上好的肥料。

这种生物过程为环境带来了许多好处。它可以生产可再生能源和天然肥料，缓解废物管理问题，减少垃圾填埋场有害温室气体的产生。正确收集的沼气可用作供暖、运输和发电的燃料。例如，英国城市布里斯托尔（Bristol）不久前启动了便便巴士（poo bus）项目后，最近研发出了第一辆以沼气为燃料的著名双层巴士（double-decker）。意大利特伦托大区的特伦蒂诺生物能源公司也采取了类似的行动。特伦蒂诺工厂最新提取出的生物甲烷将用于城市巴士。

尽管发酵形成甲烷和燃烧甲烷会释放二氧化碳对环境不利，但将废物转换成燃料是对环境有利的，使用甲烷和使用地质来源的天然气相比，总体来看对环境而言仍是利大于弊。以植物为例，它们会以各种形式变成废物：农业废弃物、以植物为食物的生物食后产生的排泄物（或者说是以植物和腐烂的肉为食物的动物的排泄物）。当这些废物产生沼气时，沼气在燃烧过程中释放的二氧化碳量等于植物在生长过程中吸收的二氧化碳量。而植物会重新生长，这也就让沼气成为了一种可再生资源。得益于米兰比可卡大学的智能升级（smart upgrading）专利，从经济层面来看，沼气可能更具竞争力。但也有一个问题，就是在发酵过程中会产生的二氧化碳：甲烷和二氧化碳的混合沼气可以直接通过涡轮机生产电能和热能，如果要将它用于汽车，必须把它进行液化处理以便使用和运输，那么必须清除二氧化碳。米兰大学的新技术可实现将二氧化碳从沼气中"洗涤"出去，其优势是可使用一种成本低、耗能少、可生物降解的转化物质。将来，这种技术的发展可能使意大利的一些天然气需求能够实现Made In Italy（意大利制造），从而减少目前对北非国家和俄罗斯的依赖。

意大利的沼气厂数量在欧洲
排名第二

❖ 比可卡大学（Bicocca University）一项获得专利的技术可以使沼气更便宜，更有优势。

"机器人会想着用羊发电吗？"作家菲利普·迪克（Philip Dick）在他最著名、最有远见的一部小说中问道。我们不知道，但是可以肯定的是，在美国杜克大学，有人想着用猪发电，甚至已经将其变成了现实。

在北卡罗来纳州的亚德科维尔（Yadkinville），有一个小型农业中心，这里只有不到3 000人，还有几千只养殖动物。在这里，研究人员建造了一个试点工厂，他们尝试从9 000头猪的粪便中获取能量。

该工程耗资120万美元，主要包括一个厌氧的"消化器"（即一个容器，在这个容器里粪便被特定的细菌消化、发酵，产生甲烷）和一个会根据甲烷燃烧启动的涡轮机系统。

除了生产相当于35个家庭的能源外，该工厂还可以防止甲烷这种比二氧化碳更强大的温室气体扩散到大气中，并在一年内减少了5 000 t二氧化碳的排放。如果说从交通方面来看的话，这就相当于减少了约1 000辆汽车的排放量。

意大利也有许多这样的工厂，但规模要小得多（2016年，我们从动物粪便中生产了396 kW·h电能）。杜克大学的项目是开放的：任何人都可以掌握相关应用技术的信息，并在其他地方提议使用这些技术。全世界有大约9亿头猪，寻找这种新形式的能源已经开始！

废品里的科学

物尽其用

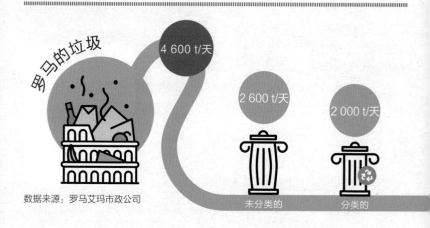

罗马的垃圾

4 600 t/天

2 600 t/天

2 000 t/天

数据来源：罗马艾玛市政公司

未分类的

分类的

我们知道，瑞典、挪威和奥地利，他们不仅利用一部分未分类的垃圾来生产能源，还进口了邻国的垃圾来生产能源。特别是奥地利，他们每周从罗马进口1 400 t垃圾。艾玛（AMA），是一家市政公司，负责收集和处理每天从首都排放的4 600 t垃圾（其中有2 000 t垃圾，即占总数的43%，是经过了公民们基础分类的——2016年艾玛的数据），实际上艾玛公司已经决定将垃圾运往茨文滕多夫核电站（Zwentendorf）的埃里温（EVN）焚烧炉进行处理。根据2016年签署的一项协议，罗马的垃圾首先会被收集起来，然后被装载到货运列车上，运送到维也纳60 km以外的地方，每周1～2次。在那里，这些垃圾会被燃烧，用于发电，其产生的电力相当于17万户家庭的消耗量。

把废物运到1 000 km以外显然是不经济的，因为除了运输费用之外，还有处理费用。英国广播公司（BBC）的一个记者对此事进行了调查。据他报道，罗马的垃圾在国外焚烧，每吨成本超过100欧元［即139.81欧元，数据来源于《时间报》（Il Tempo）的一项调查］，而埃里温焚化炉每一车的收益约10万欧元。奥地

122

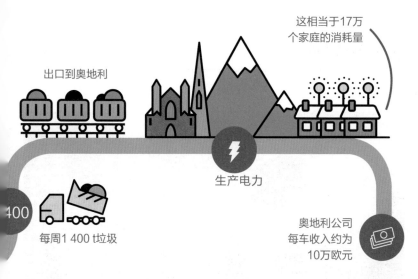

出口到奥地利

这相当于17万个家庭的消耗量

生产电力

400

每周1 400 t垃圾

奥地利公司每车收入约为10万欧元

利人都会为此对我们表示感谢的。是的，我们得承认，在欧洲，有些人比我们做得更好。根据瑞典垃圾管理回收协会——阿维奥尔瑞典（Avfall Sverige）的数据显示，每个瑞典人每年会产生500 kg以上的家庭垃圾，其中只有4%会被填埋处理，其余的全部被回收（约1/2）或被燃烧以获取能源。当垃圾不足时，瑞典人还从国外进口。

但是为什么我们不能直接使用它们呢？

众所周知，直接燃烧垃圾是非常危险的，因为存在于有机聚合化合物（如聚氯乙烯，大量存在于塑料中）中的氯燃烧后会产生二噁英，是一种有毒的、可致癌的物质。要实现安全燃烧，需要昂贵的设施，而这些设施的建设往往会引发公众争议，导致成本的增加和时间的延迟。还必须指出的是，燃烧木材和煤炭也会产生二噁英，不幸的是，在较贫穷的地区，由二噁英引起的呼吸道疾病的发病率很高，这并非偶然。

总的来说，从能源的角度来看，垃圾是非常宝贵的，但必须小心处理！

废品里的科学

去找熊猫充电

　　当你的手机没电关机的时候，你可能不会想到要去找熊猫充电？这可能有点超现实，但并非完全没有根据，因为一种新的能源解决方案正从熊猫中诞生："更好地消化"生物燃料的配方。这是怎么回事？

> ❖ 大熊猫（和它们的消化系统）为我们提供了生产生物燃料的解决方案。

　　这是一种从食用植物中获得的廉价燃料。其中，最常见的是谷物生产的乙醇，除了小麦，我们还可以用玉米、甜菜和甘蔗生产这种生物燃料。在生产中，必须使用植物的"珍贵"部分，也就是可食用的部分，这使得生产过程与人类的生计产生竞争关系，因为植物要么被吃掉，要么被用来生产能源。豆子的皮，茎干或其他废料也是乙醇的极好来源。但要使用它们，必须"破坏"它们所含的纤维素。但这种物质很难降解，它是纤维素糖和木质素的结合物，可帮助植物维持细胞壁的结构，起到支撑的作用。它对植物来说极为重要，但它无法用于生产生物燃料，因为从木浆中提取发酵乙醇所需的糖分是困难且昂贵的。因此，我们选择用植物的可食用部分，也就是那些最柔软、最容易获得糖分的部分。然而，这意味着若想要大规模生产清洁和可再生燃料，就需要减少供给人类和动物食用的食品数量。

为了解决这个问题，密西西比大学（University of Mississippi）的研究人员阿什莉·布朗（Ashli Brown）去了曼菲斯（Memphis）动物园，向丫丫和乐乐——一对主要以竹子为食的大熊猫寻求帮助，竹子是一种富含纤维素的植物。通过观察这些濒临灭绝的大型食草动物的粪便，布朗发现了40多种能够"消化"纤维素，并会将其转化为简单糖的微生物。目前这一发现可以应用于生物燃料的生产。大熊猫的短肠要求生活在其中的细菌具有非同寻常的消化效率，这一特性可能对该领域的未来研究具有战略意义，研究的目的是模拟这种消化过程，并在工业领域运用。前提是大熊猫不会先灭绝。

如果磷用完了

在生命的基本构成元素中，有一种奇怪且鲜为人知的化学元素：磷。这是元素周期表中的原子量为15的元素。德国商人亨尼格·布兰德（Hennig Brand）在1669年通过蒸馏尿液分离出了磷。它的名称源自希腊语phōsphóros，即"光的载体"，因为它通过与氧气接触而发光。据说磷对记忆有好处，并且鱼肉中富含磷，尽管鱼肉里的含磷量并不比其他食物多，而且磷与记忆之间的关系从未得到科学证实；但是我们可以肯定的是，它对骨骼和牙齿有益，因为它促进了钙的吸收。

磷是DNA（脱氧核糖核酸）和RNA（核糖核酸）的必需成分，是细胞壁和细胞膜的重要组成部分，并且是生命的"根"。"根"这个词不是随机选择的，因为第一个使用它的生物体是植物，正是由于植物，这种物质进入了食物链。对于植物来说，磷就像氧气、碳和水一样重要：没有磷，植物就无法生长，也无法长期生存。因此，如果没有了磷，地球上就不会有任何食物。相反，当它丰富的时候，农产品的产量会很高，这就是为什么它是肥料的主要成分之一。直到几个世纪前，农民使用粪肥或食物残渣来给土壤施肥仍是很常见的，几千年来，这种循环确保了土壤的平衡和肥力。

然而，今天的农业已经发生了变化，大多数的磷，都不是在实验室中合成的，而是在矿井中以磷矿的形式提取的。这意味着我们正在消耗数百万年前形成的无法替代的地质资源。磷产量的"峰值"，就像石油产量的"峰值"一样，可能很快就会到来：根据全球磷研究计划（global phosphorus research initiative，6家独立的国际研究机构之间合作的项目）的估计，磷的储量最多还能使用70年，实际上磷的储量将更早出现短缺。也就是说，不到半个世纪，磷稀缺就将成为一个问题。磷的稀缺性和成本已经造成地缘政治紧张，因为地球上剩下的85%优质磷矿仅由5个国家拥有：摩洛哥、中国、南非、约旦和美国。在过去的50年里，使用磷肥使得全球粮食产量翻了两番，每年增长3%，但如果磷用完了，情况将会不堪设想。

尽管这是自相矛盾的，如此重要且本来就稀缺的资源却没有得到有效利用，大部分提取出来的磷或在田间使用的磷都转化为废物。这些磷，仅有极少的一部分被植物吸收，其余的最终流入河流、湖泊或海洋中，在那里养

还有不到
70年的时间，
磷的储量将会枯竭

❖**如果磷消失了，将危及地球的肥力。**

育了无法估量的藻类，结果，使得水生环境因富营养化而不再适合鱼类生活。

在磷的问题上，欧盟委员会在2013年启动了一项公众调查，就如何以一种更可持续的方式使用磷征求意见，因为除了芬兰的一小部分储备外，整个欧洲大陆都没有磷。与此同时，他们已经开始采取行动。磷不能合成，但可以循环利用。例如，人类和其他动物的排泄物中含

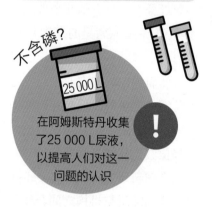

但也有解决方案，而且就存在于我们最私密的废物——尿液中。

不含磷？

25 000 L

在阿姆斯特丹收集了25 000 L尿液，以提高人们对这一问题的认识

有大量的磷，虽然使用粪肥进行施肥可能不是一个非常可行的选择，但世界上第一个从污水中回收磷的试点工厂已经开始运作。

据班加罗尔农业科学大学印度研究人员斯里德维·高文达拉(Sridevi Govindaraj)说，如果40%的印度人把自己的尿液作为肥料，农民每年可以节省2 600多万美元。为了提高人们对这一问题的认识，在2016年，荷兰政府水管理公司沃特水务（Waternet）发起了一项奇特的举措，通过在阿姆斯特丹安装的特殊厕所收集了大约25 000 L尿液。这些收集的尿液将会被转化为肥料。

这些举措正在成倍增长，且与当地的民俗无关。例如，比尔和梅琳达·盖茨基金会（Bill & Melinda Gates Foundation）已资助了瑞士联邦水产科学技术研究院（Eawag）300万美元，用以开发一种在当地成规模地回收磷的系统，并帮助小型社区自我生产所需的东西。

充满惊喜的尿布

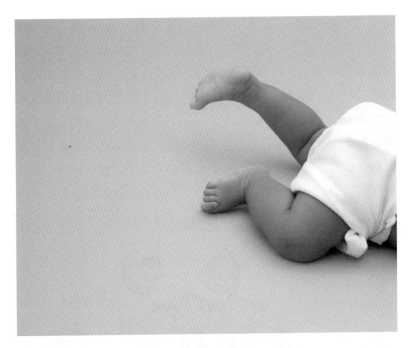

　　儿童、妇女和老年人使用的各种形式的卫生棉条和尿布无疑是最常见的污染物之一。较小的孩子平均每天要用9~12片，较大的孩子大概每天要用8片，女性在月经周期中每天使用3~6片。根据一篇在《清洁生产杂志》（*Journal of Cleaner Production*）发表的文章称，由欧盟委员会联合研究中心（Joint Research Centre）的研究人员毛罗·潘诺利尼（Mauro Pannolini）与其他人的共同研究表明，随着时间的推移，吸水产品发生了变化，得到改进；1987年，婴儿尿布重约65 g，由81%的吸收性绒毛制成；但是，在1987—1995年，由于引入了塑料基吸收性材料，其平均重量下降了14%，

1995—2005年又下降了27%。2005—2011年，塑料垃圾的重量下降了12%，而塑料垃圾的数量却进一步增加，以至于多年来世界各地都在质疑回收利用塑料垃圾的可能性。

终于，在为该主题的多个研究项目提供资金之后，欧盟启动了一些试点工厂。在意大利的斯普雷夏诺（Spresiano，特雷维索大区的一个省）也有一家"回收"（recall）项目试点工厂，该项目是由欧盟与法特有限公司（Fater SpA）、阿尔卑斯山脉的迪蓬特公社（Comune di Ponte nelle Alpi）和意大利环境研究所（Ambiente Italia）共同资助的，项目旨在从所有品牌的二手卫生巾和尿布中获得消毒后的塑料和纤维素，可以用作高品质的二次原料。试验于2015年开始，一旦试验成功并全面投入运营，预计每年将处理1 500 t废物，涉及15万用户的差异化收集，每年可减少超过1 950 m³的垃圾和61.8万kg的二氧化碳排放。

在2016年，多亏尿布的回收利用

减少了195.3万t的二氧化碳排放，等量于185.2万m³

节省了30万t油当量的石油，也相当于3.32亿m³的天然气

无限的清洁能源

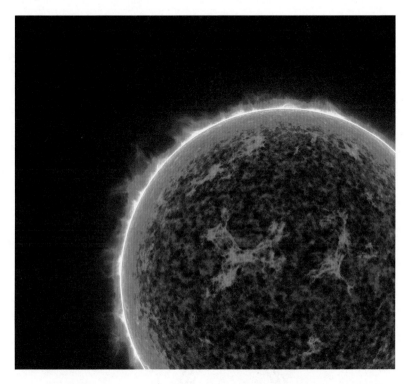

如果我们能以完全清洁的方式从海水中获取所需的能量，并且不产生二氧化碳，会是什么样的呢？这似乎是一个梦想，但其实海水中包含的核能是巨大的，如果我们能够通过核聚变以一种简单、安全和清洁的方式使用它，我们就能够解决可持续发展中的一大关键性问题。

> ❖我们不要被"核"这个词吓到，核聚变也存在于自然中。

我们将能够在不损害后代利益的情况下满足今天的能源需要，解决能源匮乏的问题。面对日益严峻的能源问题，我们必须处理传统化石资源的枯竭问题，此外也应当对环境更加关注。因为能源需求构成是人们广泛选择的结果，因此我们需要从能源需求构成的角度来思考如何使能源更加多样化，这已经成为不可避免的事实。核能也是能源篮子中的一部分。裂变和聚变是由燃料核结构的变化引起的，尽管变化方式与常用燃料不同，甚至可以说是相反的。若能运用核能，最重要的是，在随之产出的废物上也会有完全不同的结果。

在裂变过程中，铀等较重的元素的原子核由于中子的撞击而分解成较轻的碎片，释放能量，但结果也产生放射性废料，这些废料在很长一段时间内都具有放射性，是一个严重的问题。

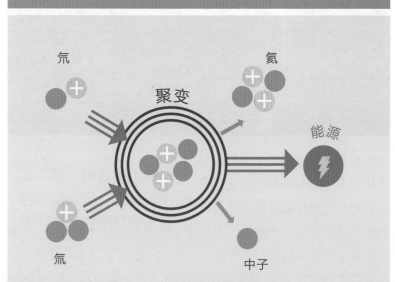

↗ 在核聚变中，两种较轻的元素（氢或其同位素）融合在一起形成一个较重的原子。不用于产生氦和中子的质量被转换成能量

除了裂变，另一种核反应方式是聚变。两种较轻的元素，通常是氢或其同位素融合在一起形成一个更重的原子。核聚变存在于自然中：它为太阳和恒星提供动力，因此我们可以说它是我们星球上生命的基础。太阳每秒燃烧6亿t氢；它的巨大质量足以支持如此多的燃料燃烧，使热核聚变成为可能。这听起来很容易，但是你可以想象，将太阳放入盒子中会是一种怎样的挑战。在实验室中试图模拟两种氢同位素的聚变过程，这两种氢同位素——氘（D）和氚（T），它们结合在一起形成一个氦原子和一个中子，根据以下方式发生反应：

$$_1D^2 + _1T^3 \rightarrow _2He^4 (3,5 \text{ MeV}) + _0n^1 (14,1 \text{ MeV})$$

反应产物（氦和中子）的总质量小于反应物（氘和氚）质量之和。因此，在这里面存在一个所谓的质量缺失：这个缺失的质量并没有消失，而是根据爱因斯坦著名的理论$E=mc^2$转换成能量，其中E是能量，m是质量，c是光速。与通过原子和分子反应（如正常燃烧）获得的化学类型的能量相比，从核反应（聚变和裂变）中获得的能量是巨大的。举一个例子，一个1 000 MW的核聚变电厂（相当于目前的热电厂的规模）每年将消耗约100 kg的氘和3 t的锂，在反应堆中获得氚，在此期间大约能够产生70亿kW的电力。而为了生产等量的电力，传统的发电厂需要约150万t煤！

要在地球上的反应堆里复制太阳上发生的事情是非常复杂

的。为了产生能量，必须将燃料——氢的同位素置于数千万度的温度下，并在足够长的时间内保持在一起（或者更确切地说被限制在一起），保持足够高的密度。那还有残渣呢？它们不在那里。聚变产物是非放射性的：它们是阿尔法粒子，即惰性气体氦和中子被吸收到反应堆周围的地幔中。聚变过程中的放射性仅限于氚的自然放射性，以及反应堆周围机械结构中的中子轰击所诱发的放射性，这与核裂变是完全不同的两种情况。氚的放射性平均寿命相对较短，为12.3年。忘掉那些会遗留几千年的裂变产物吧！还有，聚变反应堆是比较安全的，因为它的工作方式不容易失控（如果发生事故，它会自动关闭）。即使是在自然灾难中，反应堆外部的放射性水平也很低。聚变反应堆中产生的放射性元素的平均寿命通常不超过10年，因此，至少在100年内（不是裂变情况下的地质时代），放射性物质将是可管理可回收的！

❖ **在地球上重现太阳上发生的事情：不产生废物的能量。**

同位素、能量和考古学

    化学元素的原子由原子核以及电子组成，原子核又由质子和中子组成。质子是带正电的粒子，电子是带负电的，而中子没有电荷。

    今天，我们知道118个不同的元素，这些元素在元素周期表中有序排列。一些元素具有称为同位素的变体，它们原子核中的中子数量不同。例如，氢有两种同位素：氘，它的原子核中有一个质子和一个中子；氚，它的原子核中有一个质子和两个中子。氘和氚将成为未来聚变反应堆的燃料。另一个著名的同位素是碳-14，它有6个质子，是碳的"特性"；它还有8个中子，普通的碳-12中只有6个中子。

    碳-14具有放射性，在每个生命系统，动物或植物中无处不在。生物体死亡后不再吸收和代谢碳，并且死亡时存在的碳-14的衰变平均寿命为5 568年。因此，在有机标本中，例如，在考古学的运用中，这种同位素的数量可以用来确定标本的年代，非常精确。

> ❖氘和氚：未来聚变反应堆的燃料。

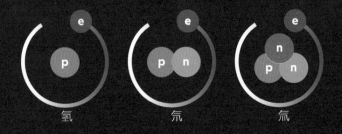

氢   氘   氚

第五章

高科技且广受欢迎的
废物处理方式

　　我们扔掉的旧手机会去哪里？我们换了一个更大的冰箱，而被替换下来的还能用的旧冰箱又会去哪里？塑料又去哪里了？在某种程度上，它们消失了，但不幸的是，其实它们还在那里，甚至以一种更狡猾的方式存在。毛毛虫会帮我们吗？太空真的是那么空旷的吗？那里也有我们存在的痕迹吗？意大利的旧工厂及核医学中心医院产生的核废料如何处理？

　　技术不可避免地带来了废物，但它也为减少和处置废物作出了重大贡献。

电子垃圾的半个世界

　　联合国大学可持续发展高级研究所（UNU–IAS）的《2014年全球电子废物监测报告》（*Global E-Waste Monitor 2014*）显示，2014年全球产生的电子和电气废物总量为4 180万t，这相当于11.5万辆40 t重的铰接式卡车，一辆接一辆地排成大约2.3万km的长队，约为地球赤道长度的一半多一点。这个数字在不断增长：从2010年的3 380万t，预计到2018年将达到5 000万t。

　　六种主要电子垃圾的类型：

· 冰箱、空调、热泵等制冷型加热设备；

· 各种各样的屏幕；

· 灯具及照明设备；

· 大型家用电器（洗衣机等）、复制设备（复印机、绘图机）、光伏板、自动售货机；

· 小型家用电器及小型电子产品；

· 小型计算机、手机、袖珍计算器、导航仪、打印机。

这些数字令人印象深刻，但只要想想我们的日常生活，就会意识到那些各种小玩意和电子设备经常被我们遗忘在抽屉里或是被扔进垃圾桶里，而它们数量也正在不断增长。这是一个大问题，也是一个机会。实际上，普通的电子设备可以包含60种不同的元素，其中一些还很珍贵，如金、银、钯和铜，还有一些则是高度污染的元素，如铅、汞、镉和铬。联合国大学可持续发展高级研究所的报告将电子垃圾定义为"城市矿山"，这绝非胡说：据估计，2014年累积的废物中所含材料的价值约为480亿欧元。当然任何问题都有两面，硬币的另一面是不幸，这些废物（包括3亿t电池和200万t铅玻

数据来源：联合国大学可持续发展高级研究所（UNU-IAS），2014年

2014年全球电子垃圾总分类

1 台灯 **100万t**

2 小型电脑设备 **300万t**

3 屏幕 **630万t**

4 空调和加热设备 **700万t**

5 大型家用电器 **1 180万t**

6 小型家用电器 **1 280万t**

璃，后者相当于帝国大厦重量的6倍以上）也含有有毒物质汞、镉、铬、多氯联苯和像氯氟烃（CFC）这种温室气体的来源物。"城市矿山"要开采，但也要小心处理。

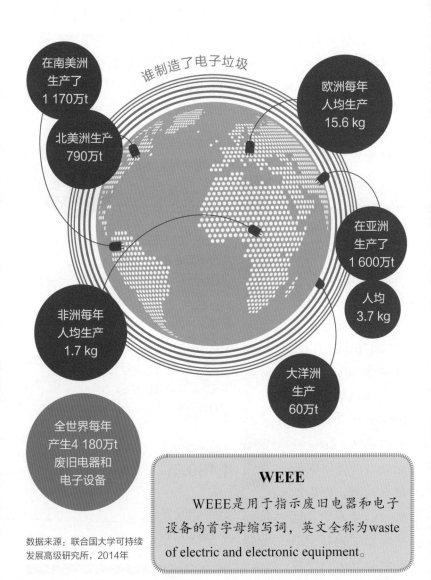

谁制造了电子垃圾

在南美洲生产了
1 170万t

北美洲生产
790万t

欧洲每年
人均生产
15.6 kg

在亚洲
生产了
1 600万t

人均
3.7 kg

非洲每年
人均生产
1.7 kg

大洋洲
生产
60万t

全世界每年
产生4 180万t
废旧电器和
电子设备

数据来源：联合国大学可持续
发展高级研究所，2014年

WEEE

WEEE是用于指示废旧电器和电子设备的首字母缩写词，英文全称为waste of electric and electronic equipment。

它们应该去哪里

联合国大学可持续发展高级研究所的报告显示，当我们的手机坏了或者我们的旧手机因新款高配置手机的出现而失宠时，它们可能会经过以下4种处理方式。

第1种，最有益的方式，也是在未来应该优先选择的处理方式，就是卖方或专业经营者（公共或私人）进行收集，然后转移到现代回收中心，回收中心对贵重材料进行回收，并对有毒和污染的材料进行安全处理。根据欧盟统计局（Eurostat）的数据来看，2014年，根据国情，电子垃圾的回收数量与前3年投放市场的材料数量的比例在10%~80%。意大利的比例约为一半，占45%。

第2种可能的方法是将它们投入普通垃圾中，然后与普通垃圾一起进行处理，通常在焚化炉或垃圾填埋场中进行处理。但这是一种非法且危险的解决办法，既浪费宝贵的资源，又造成污染。

第3种方式是跨境处理。在边境趋于严控的时代，电子垃圾的运输却经常没有受到严格的限制。在某些情况下，它们或多或少地在有组织的情况下转移数千公里，进入发展中国家的二手产品市场，或进入符合人类和环境安全标准的回收再利用中心。

第4种是最糟糕的情况，就是将这些废物运至发展中国家，但这些国家处理这些废物的技术有限，很难按照安全标准严格执行，这会给操作人员和环境带来巨大风险。尽管《巴塞尔公约》《鹿特丹公约》《斯德哥尔摩公约》都对危险废物的出口做了规定，但正如联合国环境规划署（UNEP）的一份专门文件所报告的那样，非法行为仍然很普遍。

该报告估计，尽管困难重重，但非法电子垃圾贸易和处理的年营业额在125亿~188亿美元。

这些垃圾是如何"隐身"，如何瞒过重重检查的呢？垃圾以各种方式运输，从单辆卡车运输到整个集装箱船，它们通常会对二手材料作虚假的出口声明，例如，电池被描述为"塑料或金属废料"，阴极射线管和屏幕被描述为"废铁"。

报告还指出，非洲和亚洲是大规模运输的首选目的地，主要受欢迎的国家是非洲的加纳和尼日利亚，亚洲的巴基斯坦、印度、孟加拉国和越南。这些贩运活动的背后其实是各种犯罪：是对于金融，对于环境和危害人民健康的犯罪。

❖**电子垃圾并非总能找到合法的处置方式。有时，它们只是"隐身"。**

废旧电器和电子设备的污染

电子垃圾可能会对生态系统产生严重的污染，特别是当电子垃圾被送往处理方式不当或未完全监管的国家时，空气、水和土壤质量将会受到严重影响。在未充分监管的条件下，将废旧电器和电子设备分解并粉碎，会释放出灰尘和微粒。低价的电子垃圾往往还含有大量塑料材质，在低温下燃烧会产生有毒烟雾、二噁英和细微灰尘颗粒。

从较贵重的电子垃圾中可以提取出金和银，但这并不是一件容易的事，因为这些贵金属被少量地混合到了密集的部件中。因此，必须使用酸和其他化学物质来处理，而这些酸和其他化学物质会释放出有毒的烟雾，并且，污染处理过程中所用的水可能流向数公里之外，甚至污染非常遥远的地方。

更不用说废旧电器和电子设备的其他成分，例如，铅、砷和镉，它们是用作阻燃剂的物质，它们也可能污染深层地下水和土壤，并进入食物链循环，因此，它们不仅会对参与其中的工人的身体造成损害，还可能会污染到远离回收站的地方，有时甚至危及数百或数千公里远的地方。

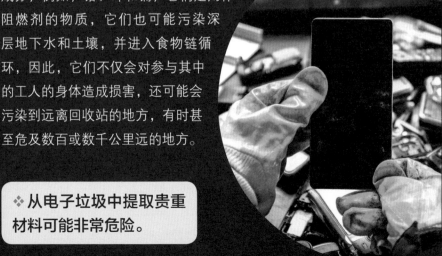

❖ 从电子垃圾中提取贵重材料可能非常危险。

用于试验的"粪便"

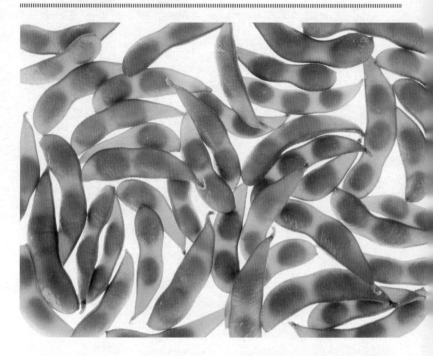

大豆通心粉，或者说大豆意大利面，它是作为烹饪美食的原料而闻名。但它还有许多其他的用途，其中就包括一个令人惊讶的用途：它是用于制造高科技"粪便"的重要部分。

❖ **大豆？** 用于制造高科技"粪便"的重要成分。

为了能根据严格的实验方案对马桶进行测试，最佳性能公司（maximum performance）实际上已经开发出用少许大豆通心粉再加一些米的有机原料合成的"粪便"——它与人类粪便具有相同的稠度和湿度。该混合物被提取制作成细长、无气味且

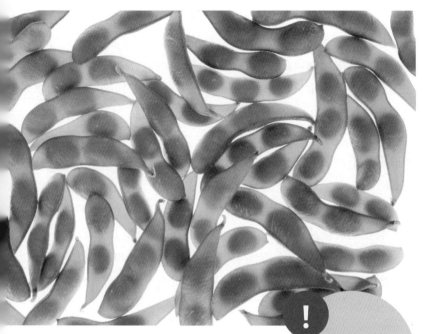

！

用高科技
便便测试了
3 500个厕所

非常实用的圆柱体（形状和尺寸与人类粪便相似），用于产品测试。这款"粪便"因被比尔及梅琳达·盖茨基金会（Bill & Melinda Gates Foundation）买来用于测试研究人员在"重塑马桶挑战赛"中提出的未来厕所而出名。这次比赛的目的是设计出高效、低成本、低耗水量的马桶，主要针对的是发展中国家。测试过程是，不断增加进入马桶的圆柱形测试物体，以评估马桶在一次排放中可以处理多少柱状物。原理很简单：如果数量超过最低处理量，厕所就是合格的。最佳性能公司的产品使人们能够密切关注马桶技术的发展。多年来，这项测试取得了巨大的成功，至今已有80家马桶制造商自愿参加，并测试了3 500多种型号的马桶。这似乎只是一个有趣的故事，但这些测试使马桶的效率显著提高，其耗水量也显著减少。

测试排便量最初采用的阈值为250 g，这是根据1979年英国的一项医学研究的结果确定的。但是就这个阈值而言，参与研究的男性单次排便量最大值在这一范围内的有95%。换句话说，95%的意思是抽取100位坐在马桶上的男性，其中有95位的排便量小于或等于250 g。在那之后，测试变得更加严格，最小限量被提高到了350 g，也就是99%的参与者都在这个阈值中。这个阈值不算小，一个直径为2 cm的这种重量的粪便圆柱体大约能有70 cm长……

由于采用了最佳性能公司的实验方法，所有被分析的马桶平均排泄物处理量从2003年的336 g，到2012年增加了1倍以上——在1 860个不同的卫生系统样本中的平均记录是799 g。但是，想一想成年人的平均排便量基本保持不变……不知道这些额外的容量是用来做什么的。

❖每天250g，这是成年男性平均每天的排便量。我们正在谈论……

1979年

每100名成年男性中，95人的排便量在250 g或以下

146

追踪狐狸，不需要武器

　　用社交网络研究土狼和狐狸？在美国威斯康星大学麦迪逊分校（University of Wisconsin–Madison）可以办到。威斯康星大学城市犬项目（urban canid project）的两名研究人员，打算调查这越来越频繁地到城市中寻找食物两种动物的社会习性。由于他们无法自己独自完成对这两种动物的监控，他们想到创建一个脸书（Facebook）页面，请求威斯康星州麦迪逊市的公民通过社交网络报告自己看到的任何有关它们的事件。这两种野生动物在大自然中是敌人，但在城市环境中，由于空间的精确划分，它们生活在一起。它们如何彼此沟通并清楚地标记领土？徘徊在房屋和公寓之间的它们吃什么？

活动非常有用，公众在该项目的第一阶段参与非常积极。因此，这两名研究人员认为他们可以做进一步的研究，于是，他们要求网友们进行一项不寻常的活动：收集它们的粪便。通过一些简单的信息，人们能够识别不同动物的粪便，并学会如何更好地收集和储存。在这方面，麦迪逊的市民也非常配合，他们收集了大量样本，从而为研究人员提供了有关这两种动物饮食和健康的信息，使得这项研究取得了成功。目前这项研究仍在继续。

研究人员说，由于可用的资源（时间和金钱）有限，如果没有公众的合作，开展这样的项目是不可能的。所谓公民科学（citizen science），这是所有年龄段和性别的非专业研究人员都可以参与的一种研究，经常是通过互联网来进行，可以作为结构化科学研究的一部分，当然也是在专业人员的监督下进行的。这是一种让每个人都觉得自己是科学家，并真正帮助了研究的方式。公民科学家们从事的活动多种多样，比如从动植物物种的分类到废物监测，从地震报告到各种天气事件等。

在帮助科学研究的过程中，其他典型的自主活动包括恒星编目、被动探测（参与者提供手机、屋顶或外部空间进行自动传感器探测）和网格计算（grid computing）。网格计算包括建立一个广泛的计算机网络，利用项目成员提供的计算机或其部件的计算能力来处理大量数据。无论是垃圾、蝴蝶还是星系，公民科学都在等着你。在意大利，也有很多这样的项目，人们可以从各种途径参与。而实验的目的是使人们相信科学。

> ❖现代的青年被称为公民科学家，他们能够负责处理非常重要的问题。

奥林匹克标准

第32届夏季奥运会在日本东京举行，日本决定解决一个外国游客相当关注的问题，即预计因会有大量游客抵达而导致的厕所问题。在川崎市，有一款被称为"盥洗室"（washlet）的高科技产品，它为用户提供了多种令人惊讶的功能选择，包括可以加热、消毒的马桶盖，将热水或冷水分流到不同的方向，用水流清洁人体排泄器官，用一种可以发出各种模仿的音乐或自然声音的音响系统来掩盖噪音……甚至在更高级的盥洗室中，在夜间有紧急情况时，抽水马桶会被LED（发光二极管）灯照亮。这些功能是可以选择的，但是，要弄懂日文的灯、传感器、按键和图标并不容易，甚至可能有的人在最初的几次使用中，连提起马桶盖都是一个问题。当我们在日本的盥洗室里，我们需要手动操作。当然，还需要说的是，这里也有自动系统，在人们使用后也能将其自动关闭。目前，这些科技马桶的控件和按钮都是由各自的制造商自行决定的，没有统一标准。但是，鉴于奥运会，卫生洁具制造商协会已决定对主要控件进行标准化，选择8个符号，这些符号在所有型号中都适用，并且出于指示作用，所有符号绝对是直观的。对于感到新奇，想要尝试的游客来说，不妨也去体验一下高科技马桶。

❖ 学习技术先进的自动冲水马桶的通用符号。

太空垃圾

　　"月亮，你在天上做什么？告诉我，你在做什么，沉默的月亮？"贾科莫·莱奥帕尔迪（Giacomo Leopardi）在著名的诗《亚洲牧羊人的夜曲》（*Canto notturno di un pastore errante dell'Asia*）中这样问道。月亮、天空、星星，谁没有被它们的美丽，它们的魅力所吸引，在这些如此遥远存在的天体面前，人类深感渺小。事实上，说到广阔的太空，人们应该知道，1957年10月4日，一颗直径58 cm的球体（差不多是洗衣机的大小）开启了一个时代，并被载入史册。这是第一颗人造卫星"斯普特尼克"（Sputnik 1，sputnik在俄语中指人造卫星）。苏联将它发射进入轨道，从而开启了探索太空的竞赛。自那以后，根据维基百科的数据来看，人类已经发射了大约6 600枚人造卫星，其中一半以上仍在地球轨道上运行。这些人造卫星也是垃圾的制造者，这是由于人造卫星的碰撞和爆炸，抛弃在轨道上的火箭残件和燃料残留物，这些太空事故都产生了非常多的轨道垃圾。

根据处理该问题的美国航天局（NASA）轨道碎片计划办公室（Orbital Debris Program Office）的数据来看，正有大量各种大小的人造物体在绕着地球运行：直径大于10 cm的碎片超过21 000个，直径1~10 cm约有50万个，直径不足1 cm的碎片超过1亿个。这些碎片对航天器的工作及其返回地球来说都是有风险的，因此需要始终注意这些碎片。如果它们大于3 mm就可以被地面雷达探测到。在半径小于2 000 km的轨道中，碎片运动得非常快，因此，即使撞上其中最小的碎片也会非常危险。为了保护自己免受撞击，国际空间站设有能够承受直径不超过1 cm的物体撞击的保护层。撞上较大碎片的风险还较低，因为复杂的监视系统能够探测物体是否在碰撞路线上，并在碰撞概率大于万分之一时向空间站下令更改路线。这些碎片对我们这些脚踏实地（地球上）的人的危险性是相对较小的。在600 km高的轨道上运行的碎片通常会在几年后掉落；对于800 km外的碎片来说，掉落需要几十年的时间；对于1 000 km以上的，返回时间约为一个世纪或更长。大部分碎片无法承受与大气的撞击，并且会在到达地面之前燃烧；其他的碎片极有可能在海上或在沙漠地区终结。迄今为止，还没有关于因空间碎片掉落而对人类或物体造成严重后果的报道。

去火星

　　1997年7月4日，美国"探路者号"（Pathfinder）航天器降落在火星上，第一辆自走式运载工具"旅居者号"（Rover Sojourner）在运行83天期间，向地面传输了许多红色行星的照片，这为人类详细分析火星地表提供了资料。这是一项具有重大科学意义和情感影响的任务，是20世纪50年代开始的雄心勃勃的火星探索项目的一部分。第一个谈论这个问题的人是德国工程师沃纳·冯·布劳恩（Wernher Von Braun），他是第二次世界大战时德国使用的V2火箭的设计者；战后，成为了美国航天局马歇尔太空飞行中心（Marshall Space Flight Center）主任，是运载阿波罗号飞船登月的土星五号火箭的总工程师。

今天，梦想仍在继续，许多国家都有致力于实现这一目标的项目。2010年，当时的美国总统巴拉克·奥巴马（Barack Obama）在一次演讲中举了一个例子，他断言，在21世纪30年代中期，人类可以到达火星周围的轨道上，而中国也在2021年实现这一目标，并实现了人类首次获取火星车在火星表面的移动过程影像。这中间需要解决的困难是多种多样的，技术、后勤、心理、健康、财力……征服火星是一项真正的挑战，其结果仍然无法预测。

在人类执行太空任务的众多问题中，人类制造的垃圾问题可能不是最重要的，但也不容忽视，即使在最前沿的科研工作中也是如此。例如，在2016年，美国航天局发起了一项名为"太空排泄挑战"（space poop challenge）的竞赛，该竞赛将提供3万美元的奖金，旨在选出一个为处理各种

❖2016年，美国航天局发起了一项名为"太空排泄挑战"（space poop challenge）的竞赛。

人类粪便而设计的最佳系统，该系统主要用于宇航服中，可以穿戴，并且可以在发射过程、返回过程及宇航员装备齐全（配有工作服、头盔、手套等）的任何情况下连续使用144 h。来自130个国家和地区的150个团体参加了比赛，决赛入围者21人，获奖者3人。同时美国航天局一直在实验室中进行实验，并在国际空间站上测试了一种称为正向渗透袋（forward osmosis bag）的设备，该设备旨在将污水（尤其是汗水和尿液）转化为饮用水。该实用设备不仅适用于太空飞船，还适用于地面。制作该设备的公司用相同的技术，生产出了便携式水过滤器，该过滤器在2010年的智利和海地地震及卡特里娜飓风之后投入使用。这个产品可使水在数小时内得到有效净化，因此适合在紧急情况下使用。一架装有这些过滤器的直升飞机可提供与14架装有水瓶的直升飞机相同的服务。该设备还成功应用于肯尼亚穆丁比亚村（Mudimbia）的净水项目。

最后，我们来看看长途旅行，比如火星旅行，这是美国航天局与南卡罗来纳克莱姆森大学（University of South Carolina）签订的一项长期研究项目，该项目旨在"实现长期太空旅行的循环"（closing the loop for long-term space travel）。其目的是回收人类粪便，生产用于太空旅行的合成食品。2015年8月，太空站的宇航员品尝了太空中生长的第一批生菜，且发现它们很美味。用粪便进行太空种植，也许对未来几年测试该项目结果的其他同事来说，会有一些心理障碍。

来自**130个**国家/地区的科学家为处理宇航员的粪便寻找解决方案

一个倾倒垃圾的地方

意大利每天都在产生放射性废料：消耗性放射学材料（X光片和试剂）；用于核医学（包括放射免疫学和放射治疗）的材料；还有某些会在一定情况下变得具有放射性的材料，比如用于包装灭菌食品的材料（经辐射阻止细菌繁殖）；其他各种类型的工业材料。除此之外，放射性废料的另一主要来源是1987年基于安全原因，经意大利全民投票决定关闭的核设施，主要是在拆除过程中产生的。放射性衰变产生的辐射对环境和人类健康存在有害影响，影响时间从几秒钟到几十万年不等。放射性废料有不同的类别，根据放射性核素的浓度和放射性衰变的时间，有不同的管理方法。

在意大利，根据危险程度，一般分为3类：低活性、中活性和高活性。此分类法一直使用到2015年8月7日的部长法令的颁发，该发令根据国际原子能机构（IAEA）的最新标准引入了新的分类。今天，放射性废料分为5类：平均寿命很短、活性很低、低活性、中等活性和高活性。

在科研或医学领域产生的放射性物质被定义为寿命很短且活

性很低的放射性物质，之所以这样定义是因为其中的放射性会在几个月或几年的时间内耗尽或恢复到环境的自然水平。中活性物质通常来自于废弃的核电站和核设施，包括加工废料、金属废料、污泥和废树脂。它们会在几个世纪内失去放射性。而以核电站运行时使用的燃料元件为代表的高活性和长寿命的放射性物质的衰变时间可达数十万年。为减少危险，放射性废物需要妥善存放和处理。但是要解决这个问题，需要依法建造一个放射性废料储存设施库。这是一项说起来容易做起来难的工作，至少在意大利，已经根据联合国国际原子能机构制定的标准和相关法律规定进行了详细的设计，但仍处于起步阶段。

然而，这是一项非常紧迫的工作，因为根据索晶公司（Sogin 意大利政府成立的公司，负责拆除意大利的核设施，也负责设计、定位、建立和管理独立的国家废物储存设施）的估算，这一基础设施对于实现永久电子核循环来说是必要的，因为它可以将目前核设施所在地区恢复成"绿色草地"，也就是说恢复成没有辐射的环境。

总体而言，国家存储库将容纳拆除活动产生的60%的放射性废物及40%的核医学、工业和研究产生的放射性废料。总共约有9万m^3的废物，其中7.5万m^3的中低活性废物最终将在仓库中处置，而1.5万m^3的高活性废物将暂时储存在该设施中，等待永久储存在深层地质储存库中。此外，大约1 000 m^3的不可再处理燃料，以及在国外（如在英国和法国）进行了燃料再处理产生的残留物（从废物中分离了可重复使用的材料），它们都将被保存在高强度的特殊金属容器中。

❖**国家存储库根据废物的放射性水平提供分层存储。**

目前计划中的国家存储库实际上是在地面的，它将在约150 hm^2

的土地上建造，其中40 hm²专门用于建设技术园区。中低活性废物的安全放置主要由"瓷盒子"系统完成。低活性和中活性的放射性废物将首先被水泥封存，然后放入类似桶的特殊金属容器中。该容器内的所有混凝土废物

国家储存库将容纳
90万m³
的放射性废物

都被定义为人工制品。然后，这些容器将被放置在钢筋混凝土制造的隔室中，根据设计估算，该隔室的寿命至少为300年——这也是所谓的第三层屏障。最终，所有东西都将被密封并用多层材料覆盖，这些材料将形成一种人造小丘，这些小丘将确保建筑物不会渗水。高活性的废物将暂时安全地存储在特殊的高屏蔽性容器中，然后再被转移到与国家存储库位于同一地点的另一个称为CSA（高活度贮存综合设施）中，以便最终转移到深层地质库中。

值得注意的是，国家存储库只储存在意大利生产的放射性废料。根据国际原子能机构制定并在2014年第45号立法法令中规定的原则，每个国家都必须管理自己生产出的放射性废料。即使预计总支出相当高，达到15亿欧元。这部分的支出将由意大利人电费单中的特殊空气处理费部分提供（今天这部分资金还用于废弃发电厂的处置）。如果不在未来几年这样做，成本会更加高昂。实际上，废物目前存储在各个临时仓库中，每个临时仓库的运营和维护成本非常高（每年高达100万欧元），如果到2025年意大利不能收回运往法国和英国的垃圾，将面临巨额罚款。根据索晶公司的估计，推迟10年建设国家储存库，成本将增加10亿欧元。

海洋清理

    海洋里充满了各种塑料，然而，没有人确切知道有多少，关于它的科学数据也变化很大。

    2014年发表在《公共科学图书馆：综合》（*Plos One*）杂志上的一项研究估计，水中至少存在5.25万亿个塑料碎片，总重量约为268 940 t。1975年，美国国家科学院（National Academy of Sciences）的研究假设，全世界每年约有0.1%的塑料产量将落入海洋。然而，发表在2015年的《科学》（*Science*）杂志上的一项新的研究表明，每年有400万~1 200万t塑料垃圾进入海洋，这相当于世界产量的1.5%~4.5%，并且预测未来10年这一数字将翻一番。据估计，用当前的技术清洁海洋将花费数万年的时间，成本高昂且时间长。所以我们没有出路了吗？

一个有热情、有壮志的青少年提出了一种解决方案并将其应用到全球。他的名字叫博扬·斯拉特（Boyan Slat），荷兰人，年仅17岁。他的想法是利用洋流系统来建造漂浮的塑料屏障。2013年，他成立了一家公司，名为"海洋清洁公司"（The Ocean Cleanup），并将他的项目放到一个众筹平台上，从网络用户那里筹集实施该项目所需的资金。清理海洋也许是地球上规模最大、最具雄心的环境项目。在短短几个月内，斯拉特设法通过网络筹集到了超过150万欧元，他以此为基础开始制作项目原型。他将项目原型放入北海进行了一系列测试。基本的想法既简单又实用，洋流会转移废物并将其储存在特定的地方吗？它们可以帮助我们收集塑料，通过一个漂浮的屏障系统，将塑料碎片集中在特定的地方，更方便之后的收集。简而言之，"海洋清理"计划是用一组模块化且可扩展的屏障——一个大的U形橡胶墙，可以通过添加或删除模块随意扩大或缩小，将漂浮着的大于等于1 cm的塑料集中在海洋中的特定位置。根据斯拉特进行研究设计的计算机模型推算，清理太平洋上一半以上的垃圾，或者只需要5年的时间。开始日期定为2018年，我们一起期待2023年，看看他是否会成功。

每年有**400万~
1 200万t**
的塑料进入海洋

❖**17岁少年的想法可能会改变我们海洋的命运。**

吃塑料的毛毛虫

　　蝴蝶会把我们从这个星球上最
广泛使用的垃圾中解放出来吗？确
切地说，它的幼虫可以。这是一种
看起来无害的绿色小毛毛虫，有着
强大的下颚可以破坏塑料。该消
息来自科学杂志《当代生物学》
（*Current Biology*），该杂志发表
了一项由意大利研究人员费德里

每天大阪堺菌
可破坏
0.13 mg/cm²
塑料袋

卡·贝托奇尼（Federica Bertocchini）在坎塔布里亚生物医学研究所（Cantabria Biomed Institute）的研究。该研究与这些毛毛虫食用并消化聚乙烯的能力有关。它是蜡螟（*Galleria mellonella*）的幼虫。蜡螟通常被称为蜂蜜寄生虫或蜡蛾，也被用作鱼饵。聚乙烯是地球上使用最广泛的塑料，占全球产量的40%。它的优点在于它是世界上最多功能的材料之一，但它也是最难以处理的材料之一。天然生长在蜂巢中的蜡螟的幼虫以蜂蜡为食，可能正是由于这种饮食习惯，它们发展出了打破聚乙烯化学键的能力，聚乙烯的化学键与蜡的化学键是相同的。通常，幼虫不吃塑料，但是在特殊的情况下，它们可以这样做。因此，当热情的养蜂人贝托奇基尼（Bertocchini）每年一次清洁蜂箱时，他从蜡螟身上取出幼虫并把它们塞进一个袋子里，结果注意到毛毛虫为了逃跑而吃塑料，因此发现了毛毛虫的非凡能力。近年来，能够消化塑料的生物体已经被分离出来。例如，2016年，京都技术研究所（Kyoto Institute of Technology）的科学家分离出一种名为大阪堺菌的细菌，这种细菌可以通过两种酶分解聚对苯二甲酸乙二醇酯聚乙烯（PET）。

说到聚乙烯的生物降解，我们需要知道它是一种特别"难以分解"的聚合物，曾经人们认为要分解它是几乎不可能，即使有已知的微生物能够做到这一点——它们是生活在针线虫幼虫消化系统中的一种真菌和一种肠道细菌，但是它们进展缓慢，效率低下。在效率方面，蜡螟远远打败了其他所有生物：如果每天

❖ 蜡螟是塑料爱好者，这可能是我们的幸运。

每平方厘米的大阪堺菌能分解0.13 mg塑料袋，那么蜡螟幼虫每小时就会消化塑料袋约0.26 mg。

蜡螟幼虫对聚乙烯的降解速度快主要源于两个因素：蜡螟幼虫不仅通过刺穿和咀嚼破坏塑料，还通过将聚乙烯转化为乙二醇（一种广泛用作防冻剂的有机化合物）来消化塑料。现在的希望是，尽快发现是蜡螟幼虫的身体在消化聚乙烯，还是其中的一种酶在消化聚乙烯（如印度谷螟的情况）。这样，便有可能合成用于垃圾掩埋场生物修复的化合物，该化合物能够降解其中所含的聚乙烯，而且可能不会在现场留下对人类有害的乙二醇。另外，成千上万的蜡螟幼虫用于此项目，它们又是蜜蜂的主要天敌之一，蜜蜂是否会受到它们的严重威胁，值得深入思考？

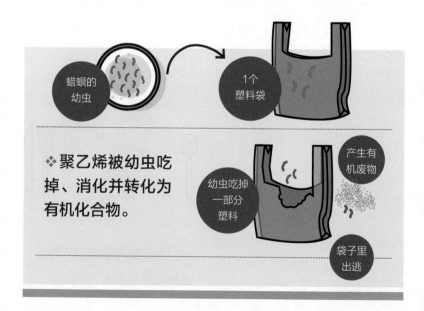

废旧电池的处理

　　任何年纪大一点的意大利人都会记得1万里拉的钞票。而那些出生在欧元时代的人可以在互联网上看到这种钞票。它呈蓝灰色，上面印有一位1745年出生的非常著名的物理学家的肖像——亚历山德罗·伏特（Alessandro Volta）。他是一位出生在科莫的物理学家和工程师，他获得了许多荣誉，其中之一是世界上最罕见的奖项：以他的名字命名度量单位。这就是伏特，它表示电位，也就是所谓的电压。提到220 V的插座或1.5 V的电池，都会让人想起他。给伏特的那些称赞，他都当之无愧。这位杰出的意大利科学家因为发明了电池而被载入史册，电池是我们生活中无处不在的便携式发电机。

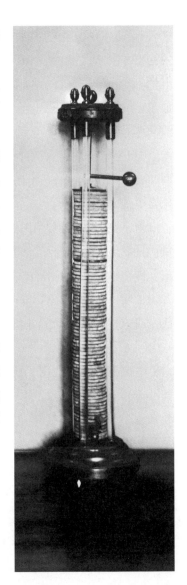

❖电池是非常有用的工具，但也是一种复杂的垃圾。

既然是电池，自然也遵守能量守恒定律，根据该定律，能量既不会凭空产生，也不会凭空消失，它只会从一种形式转化为另一种形式。我们从电池端子获取的为智能手机、电子产品、家用电器、汽车等提供的电能，实际上是通过消耗存储在电池组件中的化学能进行氧化还原反应产生的，具体反应方式取决于电池类型，比如镍电池、镉电池、二氧

对电池的好奇心

亚历山大·伏特不仅发明了电池，还发现了甲烷。所以，我们很大程度上要感谢伏特，他的发现满足了我们日常需求的大部分能源。

化锰电池、金属锌电池、锂电池。锂电池，尤其是可充电的锂离子电池，是手机等产品中应用最广的电池。除了具有身材小、容量大的优点外，它们的多重优势还包括充电后可以多次重复使用。锂电池的第一项研究可以追溯到1912年，由美国物理化学家吉尔伯特·刘易斯（Gilbert Lewis）进行，但是直到20世纪70年代，对这些设备的研究才进入成熟阶段，到20世纪90年代初，这些电池才开始发挥作用。

　　电池越来越多地用于技术和运输。例如，电动汽车的发展和普及与高效且轻质电池的发展有着密切的联系。人们致力于研发越来越小、越来越耐用的电池，以便电动汽车能够与汽油汽车竞争中胜出。总的来说，各种类型的电器正逐渐变得可以无需电源插座，且能够长期使用，这也是电池越来越受到追捧的原因。因此，电池技术的发展在一定程度上关系到众多领域技术的发展，但这些电池设备必须被非常小心地处理，特别是在使用结束后。它们含有汞、铅和镉等有毒金属，如果这些金属和包裹它们的电池一起被填埋，它们就会扩散到环境中，积累起来，污染土壤和

从事锂电池研究的物理化学家吉尔伯特·刘易斯（Gilbert Lewis）在1926年写给《自然》（*Nature*）杂志的一封信中创造了"光子"一词来描述爱因斯坦预测的电磁能量子。

"电池"这个词似乎要归功于美国的开国元勋本杰明·富兰克林（Benjamin Franklin），他是一位多才的科学家，他在1748年描述了一系列的莱顿瓶（一种古老的电冷凝器）——它们能够储存大量的电力。奇怪的是，"电池"（battery）这个术语似乎是取自"炮台"（battery）。

在意大利，因为汽车电池的回收，每年平均回收10万t铅、1万t塑料，并为进口铅节省了8 000万欧元。

地下水，并且进入食物链。在这方面，虽然新型锂电池的影响较小，但锂会与空气中的氧气发生反应，生成有毒物质，并且高度易燃。因此，禁止将电池丢入未分类的区域！取而代之的是，必须将它们（包括手表中的"钮扣"电池）全部扔到经授权的收集点（在商店、超市和工作场所）或生态岛，以便对其进行正确处理。另一方面，汽车电池直接由汽车制造公司处理，他们会将其送到克巴特（Cobat，一个处理用完的铅电池和含铅废物的联盟）——致力于回收铅、塑料和硫酸的机构。

用7个旧的汽车电池，可以制造出5个新的汽车电池

电脑桌面上的垃圾

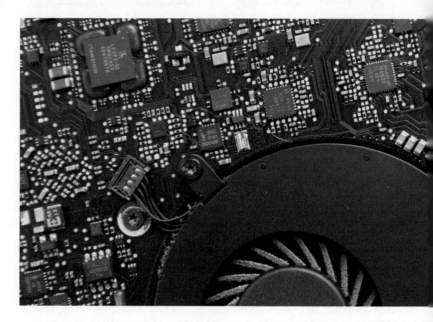

　　从电脑上删除一个文件并不像把一张纸扔进垃圾桶。虽然我们桌面上的回收站图标看起来就像我们桌子下面的垃圾桶，但在电脑里，回收站实际上是一个特殊的文件夹，文件被储存在那里，需等待在第二个命令下才被完全删除。垃圾桶的比喻，是从我们通常用作此目的的容器的物理对象引申来的，它在1982年随着Apple Lisa（苹果公司发布的世界首台图形界面计算机）界面的开发而出现——这个界面将储存删除文件的文件夹称为wastebasket（废纸篓），它看起来就像一个垃圾桶。在首次出现之后，Microsoft（微软）操作系统沿用了垃圾桶的功能，将其作为位于桌面上的文件夹，在其中可以拖动或存放要删除的文件。为了阻止微软，苹果公司提起诉讼，但苹果公司所取得的唯一成

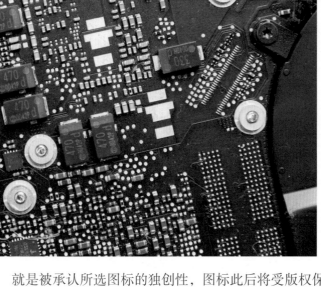

❖电脑的垃圾桶在哪里？我们不小心删除的文件又会去到哪里？

就是被承认所选图标的独创性，图标此后将受版权保护。最初，移到回收站内的文件保存在随机存取存储器中（今天我们将其称为RAM），并且在计算机关闭时会自动将其删除。但是，今天需要手动删除它们，而这种双重删除（包括文件第一次被移动到回收站中及随后通过清空回收站本身而被删除）的设计，可以使我们意外删除重要文档的可能性降到最低。实际上，回收站中的文件从来没有被实际删除过，所给出的命令只是授权计算机覆盖这些文件之前占用的空间以保存更多的数据。因此，通过一些被称为"文件恢复"（file recovery）的程序，有时可以恢复被删除的文件。

第六章
垃圾讲述的故事

在接下来的几个世纪中，考古学家的工作可能会带来一些惊喜，至少在探索环境方面。垃圾填埋场已经被认为是明天的考古遗址，在那里，人们将研究消费社会。因为我们的选择对我们来说很重要，尤其是在废物方面。

垃圾填埋场的内容是我们不再需要的东西以及我们留下的废物，已经告诉了我们许多故事，一些鼓舞人心的故事，还有一些我们并不感到骄傲的故事。

如果永冻层融化

永冻层已经不是过去的样子了。存在于世界北部国家的土壤层正在融化，根据地区的不同，这些地方在过去数十年甚至数千年里，一直处于冻结状态，直到最近。尽管永冻层的表面会周期性地融化几厘米，但它的深度仍然非常牢固，牢固得可以作为建筑和基础设施建设的根基。但是今天，由于全球变暖，它开始变得脆弱和危险。房屋倾斜，桥梁断裂，道路弯曲，当地面变得脆弱而无法继续居住时，居住在北极附近成千上万的人将不得不离开家园。在俄罗斯、挪威、中国、加拿大、格陵兰岛和美国，永冻层存在于大片土地上，永冻层融化不仅对这些国家构成威胁，也会对整个世界构成威胁。根据美国国家海洋和大气管理局（NOAA）的数据显示，当冰融化时，被冻在冰中的大量二氧化碳（13 300亿~15 800亿t，大约是目前大气中二氧化碳的一半）将会释放出来，这也将加剧全球变暖。还有世界自然保护联盟（IUCN）预计，被冻在永冻层中的还有25亿t的甲烷包合物（或称甲烷水合物，即由天然气与水在高压低温条件下形成的类冰状的结晶物质），它们也将在融化过程释放出来并进入水中和空气中。不需要很长时间，我们说的就是这20~30年。我们许多人就可以了解到这种生态炸弹及其对气候的影响。还远不止如此，永冻层的融化已经对人类构成了另一种威胁，它将数百、数千、数万年前的废物也带了回来。有机废物埋在地下，人类和动物的尸体也与杀死它们的病毒一起埋在地下。问

> ❖ 永冻层之下隐藏着许多可能返回地面的东西。在某些情况下，最好不要……

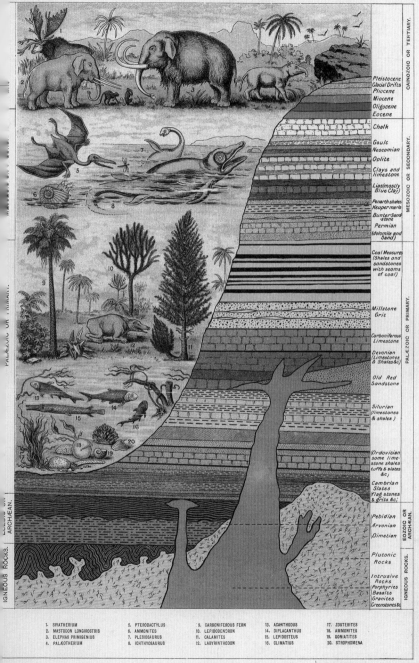

GEOLOGY AND PALÆONTOLOGY.

CAINOZOIC OR TERTIARY.	Pleistocene Glacial Drifts Pliocene Miocene Oligocene Eocene
MESOZOIC OR SECONDARY.	Chalk Gault Neocomian Oolite Clays and limestone Lias(mostly Blue Clay) Penarth shales Keuper marls Bunter Sand- stone Permian (dolomite and Sand)
PALÆOZOIC OR PRIMARY.	Coal Measures (Shales and sandstones with seams of coal) Millstone Grit Carboniferous Limestone Devonian (Limestones & Shales &c) Old Red Sandstone Silurian (limestones & shales) (Ordovician some lime- stone shales tuffs & slates &c) Cambrian Slates flag stones & grits &c)
EOZOIC OR ARCHÆAN.	Pebidian Arvonian Dimetian
IGNEOUS ROCKS.	Plutonic Rocks Intrusive Rocks Porphyries Basalts Granites Greenstones &c

PALÆOZOIC OR PRIMARY.

EOZOIC OR
ARCHÆAN.

IGNEOUS ROCKS.

1. SIVATHERIUM
2. MASTODON LONGIROSTRIS
3. ELEPHAS PRIMIGENIUM
4. PALÆOTHERIUM
5. PTERODACTYLUS
6. AMMONITES
7. PLESIOSAURUS
8. ICHTHYOSAURUS
9. CARBONIFEROUS FERN
10. LEPIDODENDRON
11. CALAMITES
12. LABYRINTHODON
13. ACANTHODUS
14. DIPLACANTHUS
15. LEPIDOSTEUS
16. CLIMATIUS
17. ZOSTERITES
18. AMMONITES
19. GONIATITES
20. STROPHOMENA

Vincent Brooks, Day & Son Lith.

第六章 垃圾讲述的故事

171

❖ **如果我们告诉你气候变化可能会使黑死病再次传播呢?**

题就在于,虽然整个永冻层的生物(如猛犸象)即使解冻也无法恢复生命,但病毒和细菌的生命力却要强得多,一旦恢复到较高的温度,它们可能就会恢复正常活动。例如,2016年8月,在西伯利亚高于平均气温的天气导致了不寻常的永冻层融化,这使驯鹿的尸体重现于世,这些驯鹿死于炭疽病,距今已有80年之久。当驯鹿被解冻时,炭疽细菌重新活跃起来,孢子扩散到牧场上,杀死了更多的驯鹿,并导致了儿童死亡。已经有许多被认为消失了的细菌"复活"了,其中还包括一些会导致非常严重疾病的,如黑死病的细菌。

永 冻 层

永冻层(permafrost)一词,由permanent(永久的)和frost(冰冻)组成,在地质学中用于表示在寒冷气候下的永久冻结,例如,在大山顶上或是纬度高于60°的地区。通常,这种类型的土壤位于地下几米深处,而其上面部分则会定期解冻和重新冻结。据估计,永冻层约占陆地面积的20%。

最后请把门关上

你忘了什么吗？关灯？拿垃圾？最后请把门关上！也许位于格陵兰冰层上的美国超级秘密基地——世纪营（Camp Century）的门就是忘记被关上了。事情是这样的，在1967年，建造于1959年的美国陆军工程师团基地（世纪营）停止使用并被废弃了，他们认为经年不化的冰能够永远埋

！世纪营（Camp Century）的秘密基地可以容纳多达**200名**士兵

葬基地的秘密和它的废物。威廉·科尔根（William Colgan）及其合作者在权威杂志《地球物理研究信函》（*Geophysical Research Letters*）上发表的一篇科学文章说，情况可能并非如此，这里面可能还有问题。

这一切都始于一个像是007系列电影中的情景，但它其实是真实存在的，这是第二次世界大战后至柏林墙倒塌的世界历史中超级大国之间对抗的战场之一。第二次世界大战的冲突结束后，能够投掷核装置的远程轰炸机日益增多，美国和苏联之间最短的北极航线引起了美国军事指挥部的注意。1951年，在美国和拥有格陵兰岛的丹麦签署了一项条约之后，美国在格陵兰岛建立了3个空军基地。1959年，位于6 m深的地下世纪营建成了，这里能够容纳200多名士兵。该基地用于研究北极冰川，并在极端气候条件下测试新的建筑方法，但还有更多的研究项目。事实上，该基地是高度机密的"冰虫计划"（project iceworm）的一部分，该计划研究了在冰层下建造用来储存和发射带有核弹头的弹道导弹的场地的可能性。核反应堆是首批"便携式"反应堆之一，它保证了基地的能源需求。"冰虫计划"于1963年停止，世纪营的重要性慢慢降低，直到1967年被完全放弃。当时，人们认为经年不化的冰层将会永远冰封这里的研究内容和废物。正如科尔根（Colgan）在文章中所描述的，在世纪营，废弃了大约

❖总有一天，军事秘密会从融化的冰层中曝光，就像"冰虫计划"。

9 000 t的建筑物和铁路、燃料和多氯联苯（PCB）等化学废物、污水和灰水等生物废料，以及反应堆冷却剂等放射性废料。

在2090年，
世纪营之上的冰层将会融化

核反应堆的反应室被移走了。科尔根小组的研究对这些垃圾是否会有一个"永恒的冰墓"提出了质疑。科学家们在模拟该地区冰层的演变时得出结论，根据目前已知的气候模型，有一种可能的情况是，到2090年左右，冰层将从净积累变成净融化。世纪营被埋在约6 m深的冰层下，它只需要90年的时间就会暴露出来，这个时间甚至会更短，因为冰融化产生的水在渗透过程中会带走周围的污染物，尤其是可怕的多氯联苯。正如研究人员承认的那样，这不是唯一可能的情况，另有一些人预计冰层融化可能会需要更长的时间。但是这些结果都清楚地向我们表明，全球变暖不仅带来了众所周知的问题，还带来了意想不到的、潜在的严重问题。迈克尔·杰拉德（Michael Gerrard）在"SAIS（信息系统）国际空中航行回顾"中的一篇文章中提出了另一个例子：美国在马绍尔（Marshall）群岛的比基尼（Bikini）和埃涅塔塔克（Enewetak）环礁中爆炸的67枚核弹衍生的放射性废物，它们的一部分就被储存在爆炸后的弹坑里，其周围覆盖着一层混凝土。如果全球变暖，太平洋的海平面将淹没这个弹坑。不幸的是，这个弹坑的混凝土盖也正在破损恶化。如果在此期间不采取对策，后果可能很严重。事实上，更不幸的是，现实有时超出了想象。

废物制造者

　　现在买吧，你的消费也许保住了自己的工作岗位（Buy now, the job you save may be your own!）！买出自己的美好前程（Buy your way to prosperity!）！买，买，买；这是你的爱国义务（Buy, buy, buy；it's your patriotic duty.）。在第二次世界大战后的美国，直到20世纪50年代，人们几乎在任何地方都能读到和听到这样的口号。它们似乎是广告商为某些跨国公司的营销而发明的，但实际上，它们是由美国政府发起的，目的是刺激国内需求，从而刺激工业生产，鼓励人们购买越来越多的新产品。艾森豪威尔总统本人是这场"社会"运动的主要推动者之一，他主张需要"立即购买"以重新启动国民经济，并以此来摆脱经济危机。

这些狂热的失去理智的消费呼吁在一段时间内是相当多的，并对美国人民的习惯产生了深远的影响，我们现在仍然可以看到其带来的影响。然而，在传播它们的同时，出现越来越多反对的声音，人

> ❖ "耐用的商品？ 它是一种资产，其使用寿命比完成支付所需的最后一笔款项还要长。"——《废物制造者》(*The Waste Makers*)

们对基于持续增长和不加选择地消耗环境资源的经济模式的政策产生了怀疑。最具权威的反对者之一是美国新闻工作者和社会学家万斯·帕卡德（Vance Packard），他写了两篇在世界范围内广为人知的文章：《潜在的说服者》(*Occult Persuaders*)和《废物制造者》(*The Waste Makers*)。在文章中，作者理性客观地记录和分析了美国社会的趋势。在第一篇文章《潜在的说服者》中，帕卡德揭露了由市场营销专家和心理学家对消费者进行的操纵——他们旨在不断吸引新的需求并刺激购买。在《废物制造者》(*The Waste Makers*)一文中，他研究了资本主义模式的建立和美国经济克服危机的（成功）尝试。由于需求的强劲增长，20世纪50年代的市场接近饱和（当时普通家庭已经拥有了他们实际需要的一切），随之而来的是购买力下降。帕卡德记录了计划中"过时理论"的成功，即从"耐用性"的购买到定时替换并最终产生新需求的消费观念的转变。在书的最后，他甚至试图提出解决方案。为了扭转这一进程并摆脱消费的恶性循环，这样的消费目的带来的是自然资源的消耗和大量废物的产生。有必要恢复对质量、节约和保持环境平衡概念的重视。这件事发生在50年前，而现在我们仍然没有开始重视。

看不见的城市：莱奥尼亚

"除了每天生产、出售和购买的东西以外，莱奥尼亚的财富还体现在每天扔掉东西而为新东西腾出空间。如此之多的东西，你甚至会琢磨，莱奥尼亚人所真正热衷的究竟是享受不同的新鲜事物，还是排泄或是丢去、清除那些不断出现的杂质……

城市每年都在扩张，垃圾填埋场不得不搬到更远的地方。收入的规模在增加，堆弃的东西也在增加、在分层、在扩散到更大的范围……"

——伊塔洛·卡尔维诺（Italo Calvino），
《看不见的城市》（*Le città invisibili*），1972年

国家废物总量（GNW）

　　如果一个国家的幸福指数不是由其国民生产总值（gross domestic product，简称GDP）而是由其国家废物总量（gross national waste，简称GNW）决定的，那会怎样？这个想法是1961年由美国南佛罗里达大学的社会学教授亨利·温斯罗普（Henry Winthrop）提出的，他提出了一项新的年度指标——国家废物总量。根据温斯罗普教授的说法，由于国家废物总量也间接地与收入有关，比起衡量商品生产的指标，它可以更好地用来衡量一个国家的幸福指数。更令人惊奇的是，该学者还假设产生的废物的数量和类型可以体现某种特定的……社会病态。

❖ "国家废物总量（GNW）"可能是新的国家指标，但这会关乎幸福吗？

垃圾学

我们从古埃及法老的坟墓和他们留给我们的艺术和工艺物品中，从罗马和希腊的城市遗迹中，从流传至今的艺术品中了解和研究古代文明。但在更远的地方的其他文明，我们还可以从最早记载的定居点中的遗物——如骨头、尖石、火

❖告诉我你扔了什么，我就能说出你是谁。——一门研究我们如何处理废物的新科学。

或食物的残留物中研究它们，这也可能是我们的命运。未来的考古学家，如果想深入了解我们的文明，实际上可以从特定的地点（垃圾填埋场）中获得很多有用的信息。我们的饮食、社会习惯

2015年每人产生的**476 kg**垃圾对欧盟有什么影响?

和消费社会的许多其他特征将由我们随着时间的推移而丢弃的物品来描述。举一个例子,一些研究已经将垃圾填埋场的尿布数量与人口趋势联系起来。大学的一个课题也诞生了——垃圾学(Garboloy)。20世纪70年代,威廉·拉杰(William Rathje)教授在亚利桑那大学(University of Arizona)迈出了第一步。这是一门与考古学有很多共通之处的学科,除了从历史学、人类学和社会学的角度观察和研究垃圾之外,它还旨在了解垃圾在时间和在环境中沉积的表现,其研究目的还包括对垃圾填埋场采取干预措施,以改善其管理。

环境种族主义

　　垃圾能告诉我们很多关于我们的事情，其中包括种族主义。1983年，美国政府问责局（Government Accountability Office）发布了一份报告，将四个危险废物储存库的选址与该地区居民的种族构成联系起来。该报告介绍了环境种族主义的概念，强调了处置废物场所如何选择与居住在那里的人口直接相关。因为反对有害垃圾需要时间、金钱和政治关系，这些资源在某些人口中尤其是少数族裔中是缺乏的，因此，选择存放危险材料的地点实际上并非偶然或出于环境原因而确定，实际上是与上述这些因素息息相关。今天，"环境种族主义"一词用于描述在社会上处于边缘地位的少数群体，他们或多或少被有意地暴露于污染水平较高的

环境中或被剥夺了自然资源（如水、清洁空气、耕地）——为了满足某一些群体或集团的利益。

　　该表述既可以指发达国家与发展中国家之间的关系，也可以指同一国家内部各阶层之间的关系。在国际层面，环境种族主义的例子是一些国家向环境立法不那么严格的国家（通常是发展中国家）出口危险废物的政策，因为在一些国家，这些垃圾的处理是昂贵的或是被禁止的。

❖ **有一种新的种族主义形式，它选择使有些人遭受更大的污染。**

给未来人类的重要信息

　　金字塔、罗马斗兽场、埃菲尔铁塔、里亚托桥、长城、泰姬陵，如果我们想到过去文明带来的遗产，就很容易想到这些例子。但是，我们的遗产将是什么呢？

　　在我们文化的所有产物中，随着时间的流逝，将流传数百、数千或数万年的是什么？这很难预见，但有一件事是肯定的：我们生产的东西中，至少有一件将具有很长的寿命——核废料。高放射性物质将在数十万年内具有放射性和危险性，为了让人直观地了解，我们来举一些例子：金字塔似乎来自遥远的过去，然而距今只有4 500年，罗马斗兽场距今也只有1 950年。那么，我们如何处理如此危险的事情，特别是如何提醒未来的人们我们将核废料储存在了一些特定的地点？人类的文字记载传统只有5 000年的历史，我们没有已知的方法来保证几千年后知识的流传，我们所知道的一切最多只持续了几个世纪。即使是迄今为止最持久的人类创造物——宗教，也只有几千年的历史。如果不能解决如何安全地存储废物的问题，那么还会面临另一个同等重要的问题，这迫使研究人员奋斗了几十年。如何告知后代这些沉积物的存在及其具有危险性？如何确保我们的知识能流传给未来的3万代人（据估计）？简而言之，这不仅是建造一个超级安全的仓库的问题，而且一旦你锁上了门，在上面贴一个标签，得说明人们为什么要远离它。10万年后的人类还能听懂什么语言？看懂什么符号？1981年，美国能源部召集了一组专家（工程师、考古学家、语言学家）来讨论这个问题。研究人员并没有提出解决方案，只是建议应该以书面标志和口头交流来传达信息。

1984年，德国杂志《符号学杂志》（*Zeitschrift für Semiotik*）决定尝试另一种方法，他们向读者提出这个问题，然后发布最有趣的答案。这里列举一些答案，作家斯坦尼斯瓦夫·莱姆（Stanisław Lem）提议创建一个人造卫星网络，该网络将可以持续上千年地从地球轨道上传输信息，或者将信息储存在某些植物的DNA中，创建特殊的

❖要警告3万代后的人们，需要使用什么样的语言？

"信息植物"，只在储存库附近种植。然而，它并没有解决如何在未来解释这些信息的困境，也没有真正改变问题。另一方面，符号学家托马斯·塞贝克（Thomas Sebeok）提出了一种"原子祭司"（atomic priesthood）的概念，这是一座核教堂，按照天主教会的模式（天主教会保存和传递了2 000多年的知识），在那里，知识通过仪式和神话传播。最古怪的建议之一是符号学家弗朗西斯·巴斯蒂德（Françoise Bastide）和保罗·法布里（Paolo Fabbri）的建议，他们想到了发明一种 "射线猫"（ray cat），一种具有放射性和突变体的猫，这种猫能够在存在辐射的情况下改变颜色，就像是一种四条腿的盖革（geiger）计数器。物理学家埃米尔·科瓦尔斯基（Emil Kowalski）则提议将所有精力都集中在建造仓库上，他的目标是建造一个由技术保护的仓库，使其几乎坚不可摧。这样，只有足够聪明的人才能进入那里，而他们很可能能够破译危险信号。

❖ 用一只具有放射性的猫向未来发送信息？

变异猫

它接近放射性废料　　　　　　变成射线猫

下水道的历史

　　纽约地铁总长约1 370 km。这座城市的污水系统绵延12 000 km，大约是地铁长度的9倍。罗马的污水系统有3 100 km。这些数字足以说明下水道在现代城市生活中是多么重要。另一方面，它们与城市基础设施的整合程度如此之高，以至于我们甚至都没有意识到它们的规模。从远古时代开始，人类就面临着从居住中心排出各种类型的水的问题，既有大气的降水，也有各种人类活动过程中的用水。下水道的历史始于几千年前，在苏格兰海岸以北的奥

废品里的科学

❖污水处理一直是必要的。下水道的历史告诉了我们一些关于我们人类自己的历史。

克尼群岛，斯卡拉布雷（Skara Brae）遗址被认为是最古老的人类定居点之一，建成于公元前3100年—公元前2500年，目前被列入联合国教科文组织的世界遗产名录。在那个时期，舒适是一种奢侈，但斯卡拉布雷（Skara Brae）的住宅已经配备了一个基本的排水系统，将单个住宅的污水输送到远离村子的地方。甚至在此之前，在今天的伊拉克，从公元前5500年—公元前500年的文明，包括苏美尔人、阿卡德人和巴比伦人，这些文明可以通过使用下水道系统、厕所和化粪池的情况而联系在一起。公元前3000年左右，生活在印度河流域的人们也修建了开放污水的管道，这些管道将水排放进河流，将废物运离了居民区。总的来说，更好的下水道系统的建设似乎与日益发展的文明相伴而生。这一领域的真正大师是古罗马人，他们建造了古代世界上最复杂的城市水道(下水道和输水道)运输系统，其模型也对外传播到了他们征服的许多领土之上。

毫无疑问，最著名的罗马下水道是马克西姆下水道（Cloaca Massima），它建于公元前6世纪。来自罗马广场的废水被沟渠集中起来，流向伊达拉里亚区（Vicus Tuscus），然后沿着穿过维拉布罗（Velabro）的小径、意大利屠牛广场（Forum Boarium），终于在埃米利奥桥汇入了台伯河。该下水道最初是露天的，大约在公元前2世纪，它被拱顶覆盖，在某些区域，高度超过3 m，宽度超过4 m。

帝国倒台后，罗马的污水处理系统在多次战乱下仍保持运行了多个世纪。但这些重要基础设施的建设和使用逐渐出现了衰退，特别是在中世纪的"黑暗年代"。直到19世纪第二次工业革命的实现，促使了人口稠密、卫生问题日益严重的大城市中，开始发展现代污水处理系统。

欧洲使用了多少毒品

下水道会说话，而且它们不会总是讲令人愉快的故事。例如，它们告诉欧洲毒品和毒瘾监测中心（European Monitoring Centre for Drugs and Drug Addiction）研究人员的就是一个不愉快的故事。研究人员研究了20个欧洲国家、53个城市的毒品使用情况，并分析了下水

2013年

对**53个**城市的下水道进行了检测，以确定毒品使用情况

!

道的排放情况。这项分析是在2016年进行的，其基础是对废水中非法药物残留的检测。这个过程在原则上是相对简单的，因为我们一旦服用药物，就会在尿液中留下印记，收集污水样本，然后就可以发现它们的踪迹。它们直接表现为残留物（因为我们的尿液中含有我们消耗的大部分物质的成分），间接地表现为代谢物。这些化学物质是新陈代谢的结果，新陈代谢是每一个生物体中发生的一系列化学反应，这些化学反应是其生命的基础。当我们的身体代谢可卡因等药物时，会

❖当我们服用药物时，我们在新陈代谢过程中会产生特定的物质。我们能在下水道找到这些物质。

精确地产生相关物质，如果在尿液中检测到，就表明存在药物的使用。一旦确定和量化了这些残留物的浓度，了解了特定污水系统所服务的人数和水流量，就可以推断出特定类型药物的使用情况。这项研究包括可卡因、安非他命、甲基苯丙胺和摇头丸。正如研究人员在其报告中所解释的那样，研究结果自然会有误差，但它们确实提供了有价值的信息，可以与从其他来源获得的信息，如执法扣押相互印证。例如，关于毒品的消费似乎具有地理区域多样化的特点。西欧和南欧国家的可卡因含量较高，通过这种方法检测到的可卡因使用的重点地点是安特卫普、伦敦、苏黎世、巴塞罗那、莫利纳德塞古拉和埃因霍温；而与此同时，安非他命在中欧和北欧更为常见。该研究还表明毒品的使用在周末呈上升趋势。

（微观）社会关系

2亿年前，恐龙已经为它们的需求找了一个僻静的地方

!

不同动物的粪便，就像动物本身一样，在大小、颜色、气味、形状和成分上各不相同。每个变量都带来了大量关于它们的生产者的习惯、健康状况和饮食的信息，这就解释了为什么这些"废物"经常被仔细研究。最近发表在《美国国家科学院院刊》（*Proceedings of the National Academy of Sciences*）上的一项研究表明，粪便在一些动物的社会生活中也扮演着重要的角色。从兔子的颗粒状粪便到鸟的液体粪便，再到狗的管状的、卷曲的粪便……动物们留下的东西也说明了它们的行为。

例如，袋熊就在这一点上尤其明显。这种住在澳大利亚的动物，是考拉的远亲，每天睡眠时间长达16 h。它白天大部分时间都藏在地下，而到了晚上，就会出去寻找食物并找地方

> ❖袋熊会排出立方形的粪便，这说明了它的习惯。

存放其立方体形状的粪便。作为一种夜行动物，它的视力不是很好，但具有极好的嗅觉，这可帮助它寻找食物和确认方向。就像所有不经常搬家的生物一样，袋熊也是一种地域性动物。它那散布在巢穴周围的大量粪便（每晚可以产生100颗）是标记领土的基础，根据研究人员的说法，这也是它用来与同地区的其他袋熊交换信息的媒介。但是，这种小熊为何会产生整个动物界唯一的立方体粪便呢？袋熊的肠道很长，消化周期非常缓慢，可能需要2周以上。它的肠子在第一段是不易弯曲的，像方形管道一样，所以当粪便穿过肠道时，就会像四棱柱一样排列。在长时间的消化过程中，被消化的物质变得越来越干燥和紧实，而且保持着其最初的形状。当这些物质被"排出"时，会再被分解成更小的块状，看起来像立方体。粪便的特殊形状也非常有用：袋熊在岩石和小山的顶部排便，这样其他动物就能更容易地找到它的气味痕迹，而且立方体形状的粪便不容易滚下来。

如果我们研究数百万年前的动物粪便，可能会发现很多关于动物生活习惯的知识。例如，最近的一项发现表明，恐龙也使用厕所，也就是它们通常都有固定的排泄的地方。这一发现要归功于一群古生物学家，他们在阿根廷西北部发现了一大堆2亿多年前的化石粪便，它们是由始祖恐龙（类似于犀牛的爬行动物，生活在第一批恐龙时代）排泄的。这是一个特别有价值的发现，因为人们本来认为这种今天在许多物种中观察到的行为是在恐龙灭绝数百万年后才出现的。

美丽是有代价的

日本灌木夜莺，一种几乎只生活在日本九州岛上的小鸟，以婉转的歌声闻名，有许多关于它的有趣故事。例如，歌舞伎剧院的演员们用它的粪便制成美容霜来卸除他们用作"粉底"的厚重的白色锌和铅化妆品。从长远来看，这些化

灌木丛中的夜莺体长
约**120 mm**

❖ 演员们用它来卸妆，今天的明星将其用作美容产品，但是，它是用夜莺的粪便制成的。

妆品给他们带来了严重的皮肤问题。这些化妆品最早记载于平安时代（794—1185年），在江户时代（1603—1868年）已经非常普遍。直到今天，灌木夜莺的粪便还以一种非常昂贵的美容霜的形式出现，具有美白和修复特性。如"uguisu

夜莺粪便可以用于制作面霜，uguisu no fun（夜莺粪便面霜）的价格至少为
30欧元

no fun"（这种类型面霜的名称，可称为"夜莺粪便面霜"），它的功效要归功于鸟嘌呤的存在。鸟嘌呤具有轻度的去角质作用，它能使肤色明亮，能清洁皮肤并恢复皮肤光泽。为此，佛教僧侣也用它来"抛光"和清洁他们的头顶。夜莺粪便也因具有漂白特性，在过去还以其他方式被利用，它总是与传统文化紧密相连。在日本，夜莺粪便也用于洗涤，可以去除和服上的污渍或去除部分染料，从而在最光滑的丝绸上创造出绚丽而精致的设计。

创纪录的一天

2014年7月22日，美国国际拍卖行I.M. Chait以10 370美元的价格将目前发现的最长的动物粪岩拍卖给了一位私人收藏家。这块粪岩是在华盛顿州发现的，长度超过1 m，上面的粪便属于一种未知的动物。根据拍卖行的名录，

世界上最久远的粪便化石可以追溯到（至少）**3 390 万年前**

废品里的科学

这可能是有史以来出售的最长的化石粪便。这个化石粪便可能可以追溯到渐新世或中新世，也就是530万~3 390万年前，尽管科学界对这是否是真实的粪便并未达成一致。著名的《国家地理》（*National Geographic*）也报道了古生物学家的观点，其中一些人认为这仅仅是化石泥浆。不论其实际性质如何，拍卖行名录中对该物体的描述都是引人注目的，名录中，它被定义为"前所未有的极度吸引人的标本"。

❖ 化石粪便引起了全世界的兴趣，不仅仅是科学家的。

动物粪岩（crprolite）

它源自希腊语kópros（粪便）和lithos（石头）。在古生物学中，它是一种化石粪便，可以达到相当大的尺寸。例如，在加拿大发现的霸王龙粪便化石重达7 kg。另一方面，在医学上，它被称为粪石，代表着由坚硬的粪便、磷酸盐和各种食物残渣组成的肠结石。

逃脱不幸的命运

　　读了这本书，你可能就能把它从悲惨命运中拯救了出来。根据意大利国家统计局的数据，2014年意大利出版了1.7亿本书，平均每个公民出版了近3本书。鉴于意大利人的阅读量较低，尽管出版商越来越重视高质量的作品，但不幸的是，还是有一部分印刷书籍变成了垃圾。书籍公墓的前厅是一个巨大的仓库，里面有数百万本等待命运的书，就像马可·西卡拉（Marco Cicala）在一篇题为《书籍公墓》（*Il cimitero dei libri esiste*）的文章中所描述的那样。幸运者将获得新生的机会——在人们想起来阅读的时候，其他的书籍将变成垃圾。为了防止这种浪费，人们已经采取了各种主动行动，例如由四家独立出版商发起的阅读运动。为了把这么多无辜的书从变成垃圾的命运中拯救出来，为了减少宝贵资源的浪费，一个安全的解决方案是：阅读更多的书！

❖ 报纸已快要退出时代，无可避免。但是书……你只要读一下就能救它们！

泰斯塔西奥山

　　罗马的泰斯塔西奥山（Monte Testaccio），虽然它远不如它的7座"邻居"山那么受欢迎，而且只有54 m高，但它却拥有极高的知名度。泰斯塔西奥山的规模并不令人印象深刻，它的名声源于它有趣且不寻常的历史，这座小山坐落在台伯河畔的古罗马港口附近，它是人造的。事实上，它的斜坡上覆盖着一大堆陶罐碎片，这些碎片在拉丁语中被称为testae（音译为"泰斯塔"，这座山因此得名）。残骸和碎片来自附近的港口。在很大程度上，这些双耳陶罐在被用来装运货物后留在了这个地方，就像一个垃圾场。被扔掉的罐子通常是那些含有油的罐子，由于残留物的腐臭而不能再使用。许多年来（大约从奥古斯都时代到公元3世纪），这些碎片堆成了这座山。针对那些对这个地方感兴趣的人，罗马市政府的文化遗产主管部门有组织导游给参观者解说，另外，泰斯塔西奥山还拥有一个讲述了其丰富的历史和考古信息的网站。

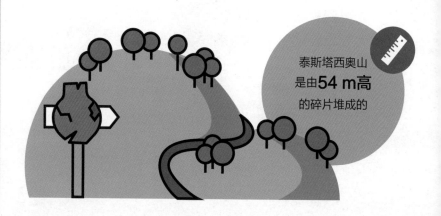

泰斯塔西奥山是由 **54 m高** 的碎片堆成的

舒斯特伯格，又名瓦砾山

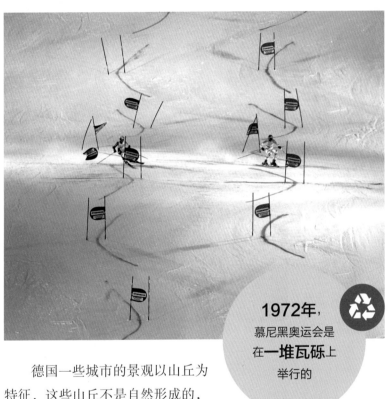

1972年，
慕尼黑奥运会是
在**一堆瓦砾**上
举行的

　　德国一些城市的景观以山丘为特征，这些山丘不是自然形成的，而是人类创造的。这就是所谓的舒斯特伯格（Schuttberg），德语中是"瓦砾山"的意思。其中许多是在第二次世界大战后用德国遭受猛烈轰炸后的城市残骸建造的。其中包括1972年奥运会期间在慕尼黑建造的著名的奥林匹克公园（Olympiaberg）。从60 m高的瓦砾山顶，可以看到慕尼黑的美景。

萨卡塞索拉岛

威尼斯潟湖第一批定居点可追溯到公元5世纪，威尼斯就是从那里开始的。但是，在这些历史悠久的地方中，有一个几乎全新的岛屿，位于潟湖中部，圣马可广场（Piazza

San Marco）以南几公里处。它就是萨卡塞索拉岛（Sacca Sessola），绿意盎然，是潟湖中最大的岛屿，面积约16 hm²。萨卡塞索拉岛是一个人工岛，于1870年建造，其材料来自威尼斯港口运河的挖掘，当时该港口正在进行现代化改造和扩建。多年来，萨卡塞索拉岛一直是一家肺科医院的所在地，现在医院变成了一家酒店。也许你会好奇"萨卡塞索拉"这个名称的来源：在威尼斯，"萨卡"（sacca）一词是指潟湖地区，通常是盆地，经常被用作建筑或运河开挖过程中废料的储存地，直到它们被完全填满，并在大多数情况下成为真正的人工岛。塞索拉（sessola）是方言中的术语，表示威尼斯人用来清除船中积水的特殊的桨：

以其名字命名的岛屿就是具有这种典型工具的形状。

　　萨卡德拉米塞里科迪亚湾（Sacca Della Misericordia）还未被填满，这是一个大型的矩形盆地，在历史中心的北部敞开，就在穆拉诺岛的前面。在过去，这个小湾里还用于收集用来建造船只的树干，这些树干被从卡多雷的森林运到了潟湖。小湾逐渐被填满并变成人造岛屿，就像萨卡塞索拉岛一样，还有萨卡菲索拉岛（Sacca Fisola）和萨卡圣比亚焦岛（Sacca San Biagio）也是如此。从某种意义上来说，所有这些岛屿都是由垃圾形成的，其中一座岛屿的起源，还被铭刻在其方言名字上——它就是萨卡圣比亚焦岛，确切称为斯科亚斯岛（Isola de le Scoasse），在威尼斯语中就意为"垃圾"。它位于朱代卡岛的西端，形成于1930—1950年，是垃圾堆积在填埋场的结果。在1973—1985年，岛上还有一个焚烧炉。

第七章

食　物

　　如果正如哲学家路德维希·费尔巴哈（Ludwig Feuerbach）所说，"你吃什么就是什么"，那么人类还会浪费吗？当世界上还有数亿人没有足够的食物时，我们每天扔掉食物的丑闻告诉了我们什么？塑料、垃圾、欺骗和杀死误食它们的动物，这又告诉了我们什么？幸运的是，也有一些振奋人心的故事，比如越来越多的人开始有意识地关注食物管理，比如会利用浪费的食物来制造真正的美味。

拒绝食物浪费

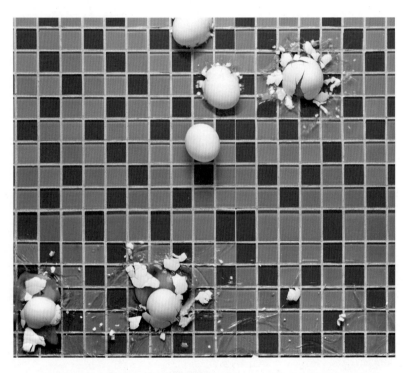

　　就像每天的早餐、午餐和晚餐，我们一般会准备更多的食物。如果我们有4个人，可能就会准备6人份的食物。然而，额外的部分并没有被摆在餐桌上，甚至碰都没碰过，就把它们直接扔进了垃圾桶里。这听起来很荒唐，但这一切都不是编造的。根据联合国粮食及农业组织（FAO）的一项研究，有1/3的食品在生产者和消费者之间的供应链中丢失或浪费，这种情况每天都在世界各地发生，这意味着每年有13亿t粮食被浪费。这是一个令人震惊的数字，想一想还有大约10亿人没有足够的食物！仅仅是在欧洲被扔掉的粮食就可以养活2亿人，这一数目可谓惊人。

浪费也要付出巨大的环境代价和经济代价。仅在意大利，每年就有1 000多万t食品被扔进垃圾箱，价值几十亿欧元。幸运的是，在意大利，个人和机构对这个问题的敏感度正在上升。特别是2016年议会通过的第166号法律，"为了社会团结和限制浪费，关于捐赠和分发食品和药品的规定"，也引起了海外的极大关注。这项新法律的中心目标是减少废物，在整个供应链中尽可能充分地提供、转化和重新分配过剩的食物。该法律旨在促进良好行为习惯养成（不仅如此，该法律还限制了药品和衣物的浪费）。根据捐赠的食品数量，可对商业和生产活动的废物税给予相应的折扣。法律还鼓励人们如果在餐馆中无法把饭菜全部吃完，就将它们打包带回家。

2015年，米兰世博会提出了另一项关于减少食物浪费的倡议，就在安布罗西亚诺餐厅，其口号是"从剩余到卓越，与浪费和固化思想作斗争"。这份倡议是在厨师马西莫·博图拉（Massimo Bottura）、导演大卫·拉佩罗（Daride Rampello）、明爱·安布罗西亚纳（Caritas Ambrosiana）、米兰理工学院和许多艺术家共同努力下诞生的。该餐厅由米兰的一家老剧院经过翻修后改建而成，主要为有困难的人们提供食物。在2015年世博会开幕之际，世界上最好的厨师们第一时间参与了这项倡议，他们用剩余和浪费的食物来设计和准备菜肴。而且，在世博会结束后，餐厅还在继续运作。

❖每年仍有大量食物被扔进垃圾桶，尽管它们仍可以食用。从生产者到消费者，每个人都难辞其咎。

厨师雅克·拉默德

　　雅克·拉默德（Jacques La Merde）成功的秘诀是使用廉价的食材和快餐剩饭，使用那些被视为"垃圾"的食物做出美味。但他成名的秘诀却长期不为人知，其厨师的身份在不久前才被揭露。

　　雅克·拉默德到底是谁？为什么他如此出名？他的菜肴看起来很美味，就像那些世界顶级厨师做的一样，但是它们是用听起来不太可能的材料制成的，比如食物垃圾，比如半融化的棉花糖。这些创作想法是在一场游戏中诞生的，它把厨师拉默德——又名克里斯汀·弗林（Christine Flynn）变成了一个真正的名人，并重新发起了一场关于更健康饮食的运动，也引发了人们对食物浪费的思考。

❖让即将被丢弃的食物变成完美的存在。

食用"垃圾"会有意义吗

　　在垃圾箱里翻垃圾，以垃圾为食来改变地球。这是不消费主义（freegans）的不同寻常的倡议。不消费主义是由研究员崔斯特瑞姆·斯图尔特（Tristram Stuart）领导的在英格兰发起的一项社会革新运动，该运动已在全球范围内传播。这个想法很简单，且具有革命性的意义。我们浪费了太多的食物，并且我们经常把完全还可以吃的食物扔进垃圾桶里，除去那些最基本的需要，我们需要从减少浪费重新开始，纠正这些不平等现象。根据不消费主义的说法，垃圾是全球社会不平等链条上的最后一环，其基础

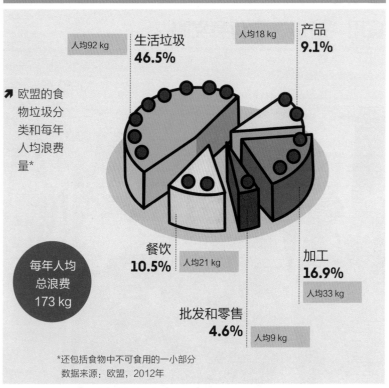

欧盟的食物垃圾分类和每年人均浪费量*

人均92 kg 生活垃圾 46.5%

人均18 kg 产品 9.1%

餐饮 10.5% 人均21 kg

加工 16.9% 人均33 kg

批发和零售 4.6% 人均9 kg

每年人均总浪费 173 kg

*还包括食物中不可食用的一小部分
数据来源：欧盟，2012年

是食品的生产、贸易和消费，而现在由于实施无意义的标准而遭到破坏，比如测量香蕉、胡萝卜和西葫芦的长度和直径，去掉那些太短、太薄或不够直的，把它们留在地里腐烂。

浪费是富人和穷人之间的残酷区别，它还造成了污染。事实上，这本身就是一种不加选择地利用自然资源和人力资源的经济模式。但是它要从哪里开始改变呢？不消费主义者为了不成为消费系统的帮凶，他们选择了一种非传统的生活方式。不消费主义者不主张购买，而是收集（通常是在垃圾箱里，也在农村或市场上的垃圾中）、分离和循环利用。他们以节省金钱，互相支持且不使用交通工具的方式在社区中生活。他们提倡一种不同于系统性浪费和剥削的工作概念，以"时间银行"作为一种价格工具，来提供和接受服务，而不论其货币化程度如何。

为了在所有场合（包括政治和学术场合）宣讲自己的主张，屡获殊荣的崔斯特瑞姆·斯图尔特

❖ **不消费主义者不购买食物：他们收集从食品供应链中被扔掉的食物，以此来表达抗议。**

（Tristram Stuart）收集并处理了大量数据，其中最令人印象深刻的是大量的农业用地（8.3万km^2）被用来生产肉类和奶制品，而在英国和美国的部分家庭，每年都有许多肉类和奶制品被扔进垃圾桶里。根据斯图尔特的说法，全球用于种植而无法饮用的水，其水量足以满足90亿人的用水量，据估计，这是2050年将面临严重水危机风险的居民人数。

根据不消费主义者的说法，重新思考整个生产链，从农场到餐桌，不需要革命，只需要一点简单的好习惯。斯图尔特收集和宣传的数据显示，在英国英格兰，20%~40%的蔬菜和水果在源头就被丢弃，甚至没有进入分销链，只因为它们的形状不符合超市的"美观"标准，超市严格规定了货架上商品的大小和外观。这些食物是完全可以食用的，但是农民们没有把它们捡起来，而是留在地里腐烂，因为他们知道这些卖不出去。这就是为什么不消费主义者计划在英国重新引入"拾遗"（gleaning）的做法，即在收获后从地里收集被遗弃的蔬菜，然后分发给穷人。显然，收集不是解决农业废弃物的根本方法，就像在垃圾箱里收集食物不是解决城市浪费的根本方案一样。因此，不消费主义者的行动主要是示范性的，旨在提高民众，包括农民、大型零售商及政府的认知。

杯子里的甜味

　　咖啡是从咖啡属的一些热带树木的种子中获得的，这些种子是由瑞典科学家卡洛·林内奥（Carlo Linneo，1707—1778年）首次从普通种子中分类出来的。我们都知道咖啡这种饮料：深色，苦味，淡淡的香味，并具有提神的特效。比如象牙黑咖啡，它的生产还包括一些特别的过程……在泰国湄公河沿岸，一些咖啡树的种子，以浆果的形态被碾碎，然后喂给大象，1~2天后，再从大象的粪便中提取出来。这是一种能使咖啡更甜和更美味的处理方法。如果你没有机会去泰国，但你又不想错过品尝它们（一般每杯50~60美元），你可以在网上买到黑象牙咖啡，价格为1 800美元/kg。这样的价格也能理解：要生产1 kg咖啡，需要33 kg咖啡浆果。2015年象牙黑咖啡的总产量仅为150 kg。

塑料很美味

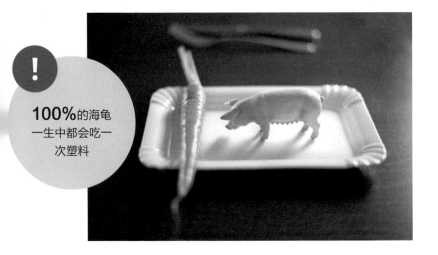

!

100%的海龟一生中都会吃一次塑料

经过一定的时间，微塑料和纳米塑料可能变得很小，甚至完全看不见。这就解释了为什么鱼或海洋动物在水中游动时会不小心吞下了它们。但是，为什么在信天翁、海龟、水獭和鲸鱼的尸体中会发现瓶子、玻璃杯、罐子、玩具碎片、信封和其他数量惊人的大型物品呢?根据联合国环境规划署（UNEP）的《海洋废弃物重要图表》（*Marine Litter Vital Graphics*）报告，59%的鲸鱼、40%的海鸟、36%的海豹和100%的海龟在它们的一生中会吃下各种各样的塑料。但是，是什么让这些动物自愿吞下完全不可消化的物质呢? 经过几年的研究，科学

❖塑料不仅因为在海洋中的大量存在而使其成为了海洋动物的食物，而且它的味道也使它成为海洋动物的食物。

终于能够回答这个问题——因为一种被称为二甲基硫的物质。它是一些塑料的添加剂，正是这种添加剂驱使动物接纳这种致命的食物。除了人工合成以外，藻类和浮游生物在自然界中也会产生二甲基硫，因此对动物来说，那些垃圾具有食物的气味。对我们来说，二甲基硫闻起来更像羽衣甘蓝的味道。当我们煮萝卜、芦笋、卷心菜、玉米和一些贝类时，二甲基硫化物会被释放出来。对动物来说，这样的味道很好，二甲基硫在塑料里的存在让它们感到困惑，以至于当它们闻到这种味道时，它们会觉得这个东西很好吃，最后误食塑料。塑料不会与摄入它的生物体发生化学反应（到目前为止，还没有这方面的证据），但其长期影响是潜移默化的。当胃里的塑料存在超过某一水平，动物们就无法消化吸收真正的食物，最终导致它们死于饥饿。

根据澳大利亚联邦科学与工业研究组织（Commonwealth Scientific and Industrial Research Organisation，简称CSIRO）和伦敦帝国理工学院（Imperial College of London）的一项研究显示，到2050年，99%的鸟类误食过塑料。而早在1960年的时候，研究人员就发现，塑料只存在于不到5%的海鸟的胃里。如果目前的趋势继续下去，继续以袋子、瓶盖、渔网和合成纤维为基础的饮食，对于大量动物来说，将是致命的影响。研究人员说，鸟类是海洋生态系统健康情况的明显指标，考虑到已在一些鸟类的胃中发现了200多种不同大小和颜色的塑料，那么就很容易得出结论了。虽然未来的趋势依旧很严峻，但可以通过改善废物管理和防止塑料出海来逆转局面。在欧洲，研究人员在研究中写道，新的

❖**新的环境政策可以减少因误食塑料而死亡的动物数量。**

环境政策将会在10年内减少出现在海鸟肚子里的塑料。虽然这并不足以阻止信天翁的死亡，但足以带来扭转航向的希望。

食粪动物

　　食粪是一种动物行为，包括以自己或其他动物的粪便为食。食粪动物采用这一类饮食习惯，通常是因为它们无法吸收植物的营养而以被其他动物消化过的植物为食，或是在食物短缺时和为了补充在饮食中完全缺乏的物质而食粪。在人类中，这种行为通常与精神疾病有关，如精神分裂症（schizophrenia），这个词源于希腊语的kópros（粪便）和phagein（食用）。

　　这种习惯在古代就已经为人所知，事实上，它是许多物种特有的，其中最著名的可能是屎壳郎，它为了运输自己的粪便，把它们塑造成球形，然后经常把它们推到很远的地方。苍蝇、老鼠、蝴蝶和许多其他动物，包括猪、龙猫、大猩猩和狗，也经常或偶尔以粪便为食。对于狗而言，这种倾向尤其受到主人的憎恨。狗会有这类行为是因为它们需要摄取其他健康动物的排泄物，以获取特定的营养或重新平衡肠道菌群。这原理与人类采用粪便移植方法是相同的，也就是基于通过引入生活在健康肠道（粪便）中的微生物来修复宿主微生物群的可能性。这些微生物在肠道内定居后，通过繁殖来逐渐恢复患病的肠道微生物平衡。

在2000年初，果阿**22.7%**的人口还在使用"猪圈式厕所"

　　一直以来，人们都会高效利用粪便。例如在日本、中国和印度，直到几十年前，人们一直还在使用"猪圈式厕所"——在猪圈的正上方建造人类厕所。通过这种方式，让人体排泄物掉入猪圈，以便猪可以食用，从而消除浪费。越南也使用了类似结构的排泄系统。印度供水与卫生计划（water and sanitation program）的一项调查发现，2005年在果阿邦（Goa）和喀拉拉邦（Kerala），仍有22.7%的人使用这种厕所。

　　也许食粪还有神秘的魅力，除了激起好奇心，我们还在文学、电影和电视中找到了这样的例子。例如，萨德侯爵（Marquis de Sade）的作品《索多玛的120天》（*The 120 Day of Sodom*）（1785年）和16世纪弗朗索瓦·拉伯雷（François Rabelais）创作的《巨人传》（*Gargantua e Pantagruel*），以及皮埃尔·保罗·帕索里尼（Pier Paolo Pasolini）根据萨德侯爵的作品改编的电影《索多玛的120天》中都有这样的例子。

如果吃不了，那就喂

　　为了减少食物的浪费，现在打包带走的做法在各种各样的餐馆都很普遍。你把剩下的食物带回家，可以用于喂养小动物，也可以把它们放在第二天的餐桌上，重要的是不要浪费。有许多项目在将食物重新分配给最弱势的人群，但当食物最终被扔进垃圾箱或不再适合人类食用时……还可以做什么呢？在欧洲，每年被扔掉的食物，除了可以养活数百万人口和喂养小狗，还可以用于喂猫、牛、鸡和猪，当然，前提是需要有相关的技术。诺善（NOSHAN）项目于2012年开始，是欧盟第七次框架计划的一部分，获得了约300万欧元的资助，该项目旨在研究使用各种食物垃圾（尤其是水果、蔬菜和奶制品），生产低成本的动物饲料、功能食物材料和生物活性物质。这项研究是与帕尔马大学合作进行的，目标是能够以较低的最终价格创造出用于动物消费的产品，并强调使用对能源和水需求较少的技术，以最大限度地利用作为原料食物垃圾中所含的卡路里。

因此，诺善项目发挥了双重作用。一方面，在世界人口不断增长的情况下，农业和畜牧业的资源日益有限，诺善项目提供了一部分动物的食物资源；另一方面，还对粮食浪费进行了遏制，除了对社会产生影响外，也对环境和经济有一定的影响。

该项目的第一个成果是建立了一个潜在饲料成分的数据库，并从技术、经济和安全的角度确定了生产饲料的最佳技术。最具功能性和营养价值的成分包括甜菜、油菜和橄榄油。在加工过程中，除了保存食物外，主要的问题是废物必须先通过成本高昂的加工处理过程。例如，在乳制品中，必须将固态成分与液态成分分开，而且不能使用对动物和人类有害的化学物质。

循环盈余

提高人们拒绝浪费食物的意识的行动正在扩大。在意大利，最大规模的行动是由博洛尼亚的一家名为最后一分钟市场（Last Minute Market）的公司发起，该公司除其他项目外，还负责管理一个名叫"废物观察"（waste watcher）的废物观测站。由意大利环境部、博洛尼亚大学农业食品科学与技术系以及"零浪费活动"项目组共同执行了一项名为家庭日记（diari di famiglia）的项目，该项目的科学统计测试是通过每天记录家庭食物垃圾来量化家庭浪费。在意大利及其国外，大型连锁超市也在积极参与过剩回收计划。食品银行基金会正在从食品供应链的多个捐助者手中收回过剩的食物（涉及700家公司）。2016年，食品银行回收了超过110万份现成食品。

相反，水果和蔬菜只需要干燥。只有将废物级联使用，不是为获得单一产品，而是要获得更多产品，该过程才能够真正地变得经济实用。因此，可能很快就会出现高附加值废物和低附加值废物的分别。高附加值废物包括化妆品或制药行业使用的化合物，低附加值废物包括食品行业使用的转化为饲料或化肥的残留物。未来，废物附加值的高低将由技术决定。同样的废物，如果处理得当，将可以在附加价值中上升或下降。意大利国家研究委员会（CNR）粮食科学研究所，与都灵大学农业系、林业系和食品科学系的合作已经证明，可以使用不同浓度的番茄副产品用于化妆品（高附加值）和用于兔子养殖的饲料（低附加值）。

在小狗和其他宠物的产品中，也有可能将食物废料与传统食物混合。这里的附加值肯定很高，小猫们和小狗们似乎很欢迎这些特别的食物。

福尔马迪福兰特奶酪

　　意大利的弗留利–威尼斯·朱利亚（Friuli–Venezia Giulia）大区乌迪内省西北部山区的卡尼亚（Carnia）的牛奶厂生产了一种由回收的安特拉姆奶酪（Ante litteram）制成的美味：福尔马迪福兰特奶酪（Formadi frant）。它还有一种叫法，在弗留利本地称之为"碎奶酪"。这是一种被归类为传统农产品的奶酪，卡尼亚有理由为此感到自豪。在古代，福尔马迪福兰特奶酪是在贫困和闭塞的背景下诞生的，农民的智慧法则是"不要丢掉任何东西"，特别是那些对维持生计有用的东西。福尔马迪福兰特奶酪

是这种重复利用的哲学及如何将潜在的浪费转化为机会的一个有趣的示例。

这些地方的农民经济在很大程度上取决于奶牛的繁殖及牛奶和奶酪的生产，特别是在高山牧场（阿尔卑斯山的夏季牧场）。然而，并不是所有的奶酪都可以陈年保存，它们可能制作失败、发胀或外壳裂开。与此同时，它们也不可能很快全部消耗掉。牧民们并没有把这些坏掉或剩余的奶酪扔掉，而是把它们切成薄片、小块或条状混合在一起。盐、胡椒和牛奶被加入到各种碎奶酪的混合物中，因此产生不同的口味和风味。然后用奶油混合，将奶酪团重新组合成形状，并在阴凉处放置约40天。最终的产品口感美妙，这是一种非常独特的奶酪，它的外观总是不同的。福尔马迪福兰特奶酪是各种风味和香气的浓缩物，有些甚至更浓郁、更辛辣。简而言之，即使是味蕾也欢迎回收利用美味的"废物"！

废品里的科学

从果渣到格拉帕酒

　　当你吃葡萄的时候，你会把果皮和葡萄籽丢弃。但是，这些果皮和种子其实是生产一种世界闻名的蒸馏物的原料：格拉帕酒的必要成分。实际上，格拉帕酒是通过果渣发酵和蒸馏的复杂过程生产的，而果渣中用到的正是谷物、葡萄籽和果皮。格拉帕酒的特点是果渣，它不同于其他烈酒，比如使用葡萄汁为原料的白兰地酒，或者源自谷物和土豆的伏特加酒。请注意，格拉帕酒是意大利制造的。正如意大利的农业、食品和林业部长在2016年1月28日的政令所述，"格拉帕"一词仅适用于原料来自意大利种植的葡萄，经过蒸馏和加工后在意大利境内的工厂生产的白兰地酒。

宁静的海鸥

对于大多数海鸥来说，飞行并不重要，重要的是食物。而有这样一只海鸥并不关心食物，而是关心飞行，它就是理查德·巴赫（Richard Bach）的著名小说中的主角——海鸥乔纳森·利文斯顿（Jonathan Livingston），但它的同类在威尼斯上空盘旋着，之后它们会回到"大多数"以吃为主的队列里，为了吃东西，它们会做任何事情，包括翻垃圾。潟湖城镇的居民对此非常了解。几十年来，直到不久之前，威尼斯人早上还会将垃圾丢到前门外面，然后垃圾收集者会用推车将它们捡起来，扔进小船中。海鸥的觅食黄金时间就在从垃圾袋存放在门外开始到垃圾收集者将它们带走的这段时间里。通常，这些贪婪的水禽会用钩状的喙和爪子撕开袋子，并当场选择最可口的食物，它们将废物抛洒到地面上，迫使路人因这些垃圾障碍物绕道而行。直到威尔塔斯（Veritas一家负责废物收集的市政公司）更改收集规则，这种不便才得到了解决。今天，人们不再将垃圾直接丢在门口，而是根据垃圾收集车到达每家每户时按响的铃声的提醒，再将垃圾拿出来，或者是直接将垃圾送到垃圾收集船上，这些垃圾收集船从早上6:30—8:30停放在城市的各个地点。相对于一个已经实行了几十年的制度，这种习惯的改变是相当大的，但在清洁程度和宜居性方面却取得了显著的成果。

❖ **海鸥是浪漫的小鸟还是邋遢的清洁工？**

第八章

人类的产物

　　并不是所有的事情都可以放弃，例如，有些垃圾是不可避免的，对人类和其他动物来说都是如此。它们是令人发笑的垃圾，我们羞于谈论它们。它们包含了关于我们的很多信息，但我们不想看到它们，我们试图尽快清理它们。是的，这就是我们要讨论的问题。因为我们有70多亿人，加上其他动物，我们有很多排泄物，我们需要小心处理。在未来，我们必须做得更好，因为世界上仍有20亿人无法使用卫生的厕所。

没有厕所的世界

　　今天，世界上有60亿人可以使用手机，约占总人口的82%。但是，根据世界卫生组织（WHO）和联合国儿童基金会（UNICEF）2015年的一份联合报告显示，目前生活在地球上的70多亿人口中，只有大约50亿的人能够使用清洁的厕所。这比手机用户还少10亿。

　　有近10亿人被迫在户外解决他们的排泄需求。虽然能够使用带有完善排污系统的卫生的独立厕所的人口比例从1990年的54%上升到了2015年的68%，但情况仍然严峻。这种情况导致了非常严重的健康问题，也成为了许多疾病的根源。据世界卫生组织估计，因腹泻而死亡的案例（每年84.2万人）中，有58%发生在低收入国家。而这，正是由于缺乏清洁的水、厕所和其他适当的卫生设施所致的疾病。通过改善卫生条件在很大程度上可以预防这些疾病，每年可挽救36.1万名5岁以下儿童的生命。

我们很难以一种统一的方式妥善处理我们的直接废物，即我们每个人新陈代谢产生的废物——粪便。不幸的是，这正好加剧了贫困、疾病和生活质量低下的恶性循环。只能在户外才能满足排泄需求的国家，恰恰是营养不良程度最高、儿童死亡人数最多、社会不平等程度最高的国家，这并非偶然。

水质也与此问题密切相关。只要尚未解决充足厕所的问题，水质就会一直很差。同样，在这份报告中还提到，更好的保健和卫生服务将使由蠕虫、寄生虫和细菌引起的被忽视的热带病（NTD）的传播大幅下降——目前约有15亿的人在受其折磨。

解决厕所问题还有助于减少营养不良的问题；促进废物的循环利用，可以获得相应的能源和化肥；同时也能促进社会安定和维护人格尊严，提高学校出勤率。正如联合国儿童基金会（UNICEF）的报告所指出的那样，提供独立和干净的卫生设施也有助于促使女童上学。

在这一方面，尽管目前取得了一些进展，但仍有许多工作要做，包括投资新的卫生服务和开展宣传运动，以促进人们习惯的改变，并确保提供即使是最贫穷的人也能负担得起的设施。联合国在其"可持续发展目标"（sustainable development goals）中提出了到2030年消除户外排便问题的目标。这是一项雄心勃勃的目标，因为这要求将南亚和撒哈拉以南非洲目前的厕所改进速度提高1倍，如果我们要拯救数百万人的生命并使我们的可持续发展成为现实，这是绝对必要的。

❖ **缺乏足够的厕所会造成污染和健康问题。**

进入世界厕所

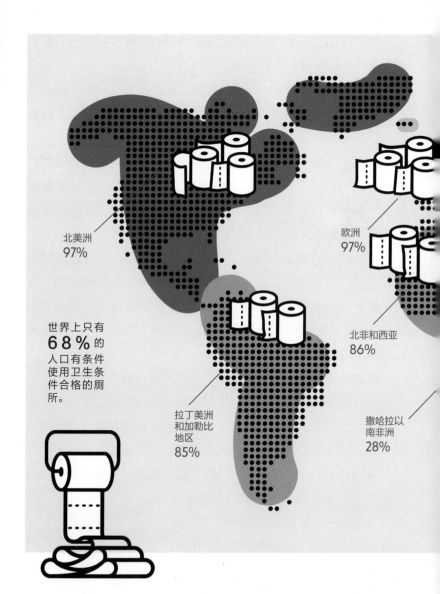

北美洲
97%

世界上只有
68%的
人口有条件
使用卫生条
件合格的厕
所。

拉丁美洲
和加勒比
地区
85%

欧洲
97%

北非和西亚
86%

撒哈拉以
南非洲
28%

23亿人无法获得基本的卫生设施

8.92亿人在露天排便（在沙井中，在植被后面，在水池中）

10%的世界人口吃的是用废水灌溉的食物

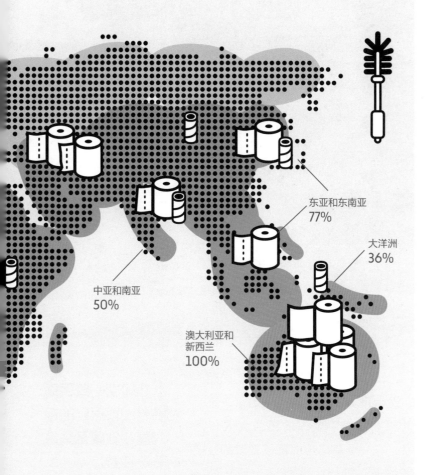

东亚和东南亚
77%

大洋洲
36%

中亚和南亚
50%

澳大利亚和
新西兰
100%

数据来源：世界卫生组织—联合国儿童基金会（WHO — UNICEF），2015年

底层的工作

在印度，每一个人都是不同的。在这个世界上最大的民主国家，也是世界上仅次于中国的第二大人口国家，每一个新出生的孩子都以种姓的身份加入社会，并将成为种姓的一员，这样的身份会一直伴随着他，直到死亡。在一个封闭的、不可改变的社会制度中，他的宗教、习

❖ 在印度，贱民面临着一项艰巨的但对国家健康至关重要的任务。

在21世纪初，
有**1.6亿人**
是贫民

惯和职业与他的种姓联系在一起。在这个制度中，他的地位的上升和改善的唯一可能就是死亡和来世（印度教徒相信轮回）。这是一种古老而严格的等级制度，1950年，印度宪法正式废除了这种制度，但它至今仍影响着数百万人的社会生活、职业和个人生活。它的起源可以追溯到一个古老的神话，根据这个神话，4个主要的社会等级（又称瓦尔那阶序），被分成数百个子轴，它们来自于一个原始的存在——原人。原人身体的4个部分对应4个社会等级：婆罗门是原人的嘴，刹帝利是原人的双臂，吠舍是原人的大腿，首陀罗是原人的脚。

在这些种姓之外，社会等级最低和最不洁的是所谓的贫民。他们被认为是劣等的，不洁且没有任何价值的人，以至于他们可以被侮辱、被抢劫、被殴打，而对方不会受到任何惩罚。以什么样的身份出生，就终生是什么身份的人！他们被认为是不值得被尊重的，是必须被隔绝的，他们应当被从上等种姓驱逐流放。男人、女人和孩子，在公共场所必须使用不同的餐具，人们认为这些餐具"污染"了他们接触到的一切。到21世纪初，据估计，有1.6亿的印度民众生活在最底层（尼泊尔也有种姓制度）。这些人被禁止获得学习和体面的工作的机会；他们只能做"不洁净的工作"，即与血液、粪便或其他人体排泄物相关的工作。事实上，阻碍社会解放的障碍仍然非常大。

　　贫民的工作常常是尸体火化、皮革加工这类。但是，即使在他们自己的社会阶层内，也存在差异。只有处于最末端的人处理垃圾和动物尸体，清理下水道、化粪池和厕所。这是一项令人厌烦且危险的职业，但对于一个仍然有数百万人没有厕所且住房数量不可估量的国家（尤其是在农村地区）而言，这项工作是至关重要的，因为在贫困的山区，需要定期清空的粪坑和收集粪便的木屋来满足他们的日常需求——排泄。近年来，为贫民提供法律援助、教育和医疗援助的协会成倍增加，但是要实现印度公民的真正平等，还有很长的路要走。

　　在这方面，绝不是巧合，就像电影《贫民窟的百万富翁》（*The Millionaire*）中的年轻主角一样，他将在未来证明自己有能力成为出类拔萃的人。2009年获得8项奥斯卡奖的这部电影中，导演选择了一个场景来展示男主角面临着的可怕的困境。他被反锁在厕所里，面对困境。是放弃去见他最喜欢的明星的梦想，还是从下水道离开？

> ❖贫民既不能学习，也不能做他们想做的工作：他们只能做"不洁"的工作。

2013年，联合国大会正式宣布11月19日为世界厕所日。这一活动旨在提醒世界重视20多亿人缺乏卫生设施的严重问题。这是一个经常被遗忘的话题，常常出于避免尴尬而回避这个主题，但它代表了地球的紧急情况之一。每年的世界厕所日都会确定一个相关主题。2016年的主题是厕所和工作，指出缺乏厕所产生的非常消极的影响，无论是在生产力方面，还是在妇女就业方面。而2017年的主题是废水，旨在促进污水的正确处理。

❖ 这是一个旨在讨论厕所卫生权利的世界性纪念日。

手机卫生纸

　　经常去日本旅行的人都可能遇到过有趣的厕所。化学消毒、超技术消毒，通常带有不寻常的附加功能，如音乐背景或加热坐垫板。比起西方普通的厕所，它们更像是宇宙飞船上的厕所。那些不习惯的人可能会感到困惑。不仅如此，在东京成田国际机场的厕所里，在传统的厕纸卷的下面出现了一种新的玩意——一种特殊的纸卷，上面印着大字，是邀请人们用它来给智能手机屏幕消毒的。"智能手机上的细菌是马桶坐垫上细菌的5倍。"该项目赞助商在其官网页面上说。所以，在上完厕所后，你不仅要洗手，还要用这种消毒纸巾给你的智能手机消毒。该计划于2016年12月—2017年3月实施，引起了公众和社交网络的极大兴趣，并有可能被运用到其他地方。日本某社交媒体的一位用户评论道："这是一个很好的举措，但如果你把这张纸误认为传统的厕纸呢？"

❖手机上有太多细菌？专属于手机的卫生纸来了。

粪便的7种类型

类型1

彼此分离的硬块，如坚果
（难以排出）

类型2

香肠形，由团块挤压在一起

类型3

像萨拉米香肠一样，
但表面有裂纹

类型4

香肠形，光滑柔软

类型5

柔软且分散，边缘像切割过或磨过一
样清晰（易于排泄）

类型6

柔软的碎片，锯齿状的边缘，黏稠

类型7

水性，无固体，完全呈液体状

人类粪便的正常
组成是约**75%**
的水

和**25%**的
固体物质

布里斯托尔分类表

布里斯托尔粪便量表是医学上的一种用于人类粪便分类的系统。该分类由布里斯托大学的两名研究人员设计并于1997年首次发布，该分类将人的粪便分为7个类别：球形；球形香肠状；表面有裂纹的香肠状；像香肠一样的光滑条状；边缘柔软清晰，蓬松而呈糊状；边缘呈锯齿状；完全呈液体状，没有固体。

第八章　人类的产物

人类排出的气体

　　每个人的肠道里都有气体，事实上，这很自然并不奇怪。在某些情况下，食物经过肠道时产生了过多的气体，这除了使人感到尴尬之外，还与严重的身体疾病有关。一篇有趣的文章，可能看上去有些滑稽，但实际上是非常严肃的，发表在1991年的《消化道》（*Gut*）杂志上，这是一本备受尊敬的国际胃肠病学杂志，通过介绍一个非常复杂的实验程序，详细分析了人类肠道气体的排出情况。研究员通过导管收集了10名志愿者（男性和女性都有）24 h内的肠道排放气体，然后进行了定量和定性分析。根

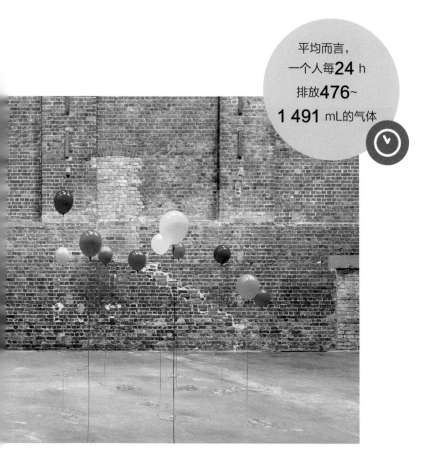

平均而言，
一个人每**24** h
排放**476**~
1 491 mL的气体

据研究结果来看，男性和女性排出的气体在量上没有区别，均在476~1 491 mL；排出最多的时间是在餐后，而在睡眠中排出的量比醒着时要少。另外，在实验前48 h内进行无纤维饮食会让排放量显著减少，而且其成分也会发生改变。研究人员得出结论，发酵产生的气体对排出产物的贡献最大。

塑胶美容

　　当我们洗澡时，我们造成污染了吗？如果我们使用含有微米或纳米塑料的产品，有时会产生污染。根据联合国环境规划署（UNEP）"日化品中的塑料"（2015年）的报告，许多日化品和身体护理用品实际上含有微小的塑料球，比如磨砂膏、牙膏、除臭剂、沐浴露、防晒霜、剃须泡沫、睫毛膏、唇膏、抗皱霜、驱虫剂和儿童卫生用品，这些仅是举的几个例子。这些产品的大部分成分是液态的，但许多产品的成分中也含有固体塑料（如纳米球、微颗粒和微小球状物、塑料粉末等），这正是造成海洋污染的主要原因。没有法律要求制造商声明这一点，因此，消费者在阅读成分表时很难确定自己的选择方向，标签上没有说明各种物质的状态（液体或固体）。可以肯定的是，像磨砂膏这样的产品，一瓶就可以含有超过36万个微小塑料球。人们使用这些日化品后，这些微小塑料球的使命就结束了。根据联合国环境规划署的报告，2012年，欧洲国家向海洋排放了4 360 t微小塑料球，其中大部分（占93%，即4 037 t）由聚乙烯制成。当我们洗衣服的时候，并不容易发现它们，因为除了在某些情况下，这些颗粒会大到肉眼能看到，但在大多数情况下，它们的尺寸可能是纳米大小，这些塑料颗粒是完全看不见的，可以说是"无形"的。

不同产品的塑料含量各不相同，有些产品的含量低于1%，而在有些产品中塑料的含量超过90%。例如，去角质凝胶在其配方中包含的塑料甚至比其外包装所需的塑料还要多。不同的是，这些产品的包装通常是可以回收的，而产品中所包含的塑料颗粒却是不可能回收的。它们太小，无法被收集系统拦截，它们将在水中悬浮数百年，除非它们被某种海洋动物吞没——它们将通过某种海洋动物进入食物链，它们已经那样在做了。这项研究还处于早期阶段，但已经有证据表明，这种塑料颗粒在从海洋无脊椎动物到哺乳动物和人类的各种生物系统中都具有毒性。一旦摄入，直径小于5 mm的微塑料和纳米塑料可以穿过胃肠道系统，进入淋巴和循环系统，甚至进入胎盘，再进入胎儿体内。我们试想一下，根据欧洲在2007年的一项研究，欧洲居民每天平均使用2 g牙膏，其中5%的牙膏含有塑料纳米球，那么我们可以得出的结论是，这片古老大陆的居民每天将约74 t的微小塑料球倒入了下水道，然后汇入海洋中。洗发水、沐浴露和其他许多产品也可以进行类似的计算。幸运的是，近几年来，许多制造商已经开始注意到这些产品所造成的污染，并且在某些情况下已经自发签署了无塑料（Plastic Free）协议，也在包装上表明了他们对环境的承诺。

❖牙膏和去角质霜中的微小球体不是别的，正是塑料。在许多个人卫生产品中都可以发现这些塑料。

第九章

有趣又有艺术性的垃圾

　　垃圾是一个严重的问题，但它也有艺术性和值得我们高兴的方面。需要注意，有时用垃圾制作的艺术品难以被欣赏，又被扔进垃圾箱！无论如何，从文学到电影，从雕塑到手机应用，垃圾不再仅仅是景观的一部分，也是我们文化生活的一部分。

黄金价值的粪便

如果当代艺术对您来说仍然是个谜，您经常问自己，为什么有些作品被认为是天价的？你们要知道艺术家们对此也有很长时间的质疑。最知名的一个例子是，意大利人皮耶罗·曼佐尼（Piero Manzoni）一直生活在争议中，无论是将他的作品定义为"merda"（屎）的争议，还是在整个当代艺术领域中存在争议。1961年，他制作、密封并标注了90个锡罐，锡罐上面写着："艺术家的屎。净含量30 g，以自然的方式保存。1961年5月生产并装盒。"罐子从1到90逐个编号，并由艺术家签名，应曼佐尼的要求出售，1罐的价格相当于30 g黄金。近年来，一些罐子的拍卖价明显更高。最著名的索斯比（Sotheby）的罐子就以12.4万欧元的价格拍卖出去。然而，尽管如此，没有人确切知道它们装有什么。艺术家伯纳德·巴齐尔（Bernard Bazile）在他的作品《波耶·乌弗特·德·皮耶罗·曼佐尼》（*Boîte ouverte de Piero Manzoni*）中展示了一个打开的罐子，里面套着第二个罐子，与第一个罐子一模一样，但巴齐尔没有继续打开。评论家们认为，曼佐尼的作品是对当代艺术领域的一种强烈批判。在当代艺术领域，作品的商业价值不再是基于它所产生的情感或它所体现的价值观，而是基于艺术家的声誉。

> ❖当代艺术来批判当代艺术……

Merda d'artista

CONTENUTO NETTO gr 30
CONSERVATA AL NATURALE
PRODOTTA E INSCATOLATA
NEL MAGGIO DEL 1961

伦巴（Roomba）历险记

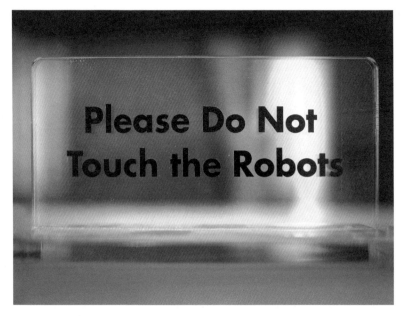

　　有没有想过，当你从一个舒适的睡眠中醒来，发现自己的家被施了魔法，不需要有人来打扫？要想实现家庭杂工、管家、厨师和清洁专家机器人化，还有很长的路要走。不过科技正在快速发展，甚至出现了一种跨学科的科学，它结合了工程、电信、物理、计算机、建筑和其他许多专业，宗旨是帮助我们提高家庭的生活质量。但就像所有的梦一样，这也可能变成一场噩梦，就像杰西·牛顿（Jesse Newton）的遭遇一样。牛顿住在美国阿肯色州小石城（Little Rock），也是狗狗埃维（Evie）的幸运主人。在描述牛顿的故事之前——这个故事被发布在一个社交网络服务网站（Facebook）帖子里，该帖子实际上已经传播到了世界各地，并被众多报纸和新闻社报道。我们有必要先后退一步，回到"灾难"发生之前，来了解一下故事无可争议的主角：伦巴（Roomba）！

伦巴是一个成功的吸尘器机器人的名字，它们不需要人工干预就可以在房子里自由行走和清洁卫生。这种家用电器被迅速普及，仅伦巴的制造商艾罗伯特公司（iRobot）就售出了1 000多万台，更何况市场上还有许多其他品牌。吸尘器机器人是技术的集合体，它们通常是圆柱形，直径约35 cm，高度约10 cm，有轮子、刷子和吸尘器具。得益于一套自动化控制技术和红外线传感器，并借助车载微型计算机，这款吸尘器机器人能够在用户设定的时间启动并自动清洁其所在的房间，在地板上反复进行操作。最新的产品甚至具有一个智能系统，该系统可以捕获房间的红外图像，并在软件中利用它们来创建其所在位置的可视地图，从而优化其行进轨迹。特殊的探测器使伦巴可以了解它何时处于特别肮脏的区域中，并努力地来回清洁此处，直到将其清洗干净。当感到电量不足的时候，它就会自行去它的充电站充电，简直是个天才。然而，它仍然难以准确地识别出他所面临的障碍。所以，

❖有时自动化遇上自然的不可预测性，带来了真正的冒险。

当它在8月的一个凌晨1:30出发，在路上遇到了狗屎的时候，它把事情搞得一团糟。

牛顿4岁的孩子杰西闻到了气味，他在凌晨3:00醒来，从他自己的房间里走到父母的房间，想到父母的床上和他们一起睡。正如牛顿在帖子中所写的，他发现这个孩子闻起来有大便味，于是起了疑心，想立刻知道是为什么，他起床来到

了客厅，这个令他吃惊的地方。伦巴不断地在地板上移动，却没有意识到粪便的存在，它可能试图对粪便进行清洁但却把粪便弄得到处都是，伦巴把粪便带到了整个打扫区域及屋里所有它接触到的东西上：地板、家具、儿童游戏区，无处不在。不幸的是，牛顿的这个问题并不是首例，也不是个例，而是很多人都遇到过的。艾罗伯特公司的一名发言人说，这种情况以前发生过，这就是为什么该公司建议，如果你家里的狗或猫有可能在"非传统"的地方"拉屎"，就不要对伦巴设置自动清洁。

　　爱养动物的家庭自动化爱好者仍然有希望，艾罗伯特公司工程师正在努力解决该问题，不排除在将来推出的新型产品中配备特定的计算机系统，以实时准确地识别动物粪便的可能。

家庭自动化：现代科技并没有实现太多产品

　　用手机可以打开灯，出门在外时可以调节家里的暖气，在需要的房间自动调节温度，设置洗衣机定时清洗衣物。家庭自动化应用程序，该学科包括设计和实现旨在使一系列家庭或专业用途的操作自动化的硬件和软件技术。在今天，它听起来很"现代"，但实际上，它已经有40多年的历史了。它的目的是提高建筑物内的生活质量，提高系统使用的安全性和便利性，并降低其运营成本。一些人认为，现代家居系统可以追溯到20世纪初开始普及的电动洗衣机。并且，早在1975年，基于通过家庭电力线传输数字数据（如命令或状态信号）的想法，苏格兰皮科电子公司（Pico Electronics）就开发了用于家庭自动化的第一个电子通信协议X10。如今，由于技术的巨大进步和无线通信的广泛应用，X10标准已经过时，但不得不说的是，多年来，它在市场上取得了巨大的成功，吸引了数百万家庭用户。

废
品
里
的
科
学

这种艺术对健康有害

"Don't follow the wind"（不要随风而行），这是一个非常特别的艺术展览，它不被允许参观。实际上这是由Chim↑Pom（日本艺术家团体）里的12位艺术家委托在福岛制作和安装的艺术品，福岛是由于2011年的放射性泄漏核灾难后而人口大量撤离的日

本城市，这里至今仍不宜居住。在业主的同意下，其中一些作品是在无人居住的房屋中建造的，由于辐射水平极高，这些房屋在很长一段时间内都无法参观。

这一奇怪的作品只是近几年出现的艺术活动的最新表现之一。20世纪下半叶，由于出现核电站事故，核废物及其处置问题严重影响了当代艺术和整个西方文化。1951年，恩里科·巴伊（Enrico Baj）和塞尔吉奥·丹吉洛（Sergio Dangelo）签署了"核绘画技术宣言"（manifesto tecnico della pittura nucleare），使米兰出现了一种称为核艺术的艺术潮流，它的灵感来自于日本广岛和

244

长崎核弹爆炸及爆炸的图像所引起的公众情绪。

当时，这主要是视觉和概念上的暗示，但近年来，有些人更进一步，尝试着从事所谓的放射性艺术。比如，瑞典艺术家希尔达·赫尔斯特伦（Hilda Hellström）在2012年用福岛疏散区的放射性土壤来制作陶瓷的食物容器模型。奥·塔林·西蒙（O Taryn Simon）的作品《*Black Square XVII*》—— 一块"艺术化"的玻璃化处理核废料，目前被存放在俄罗斯一家核电站内，至少要到3015年才能展出。美国雕塑家詹姆斯·阿科德（James Acord）也致力于研究放射性材料。他于1993年获得了接收和处理放射性物质的许可证，并制作了核时代的各种象征物品。如果这个主题引起了您的兴趣，您可以关注"核文化研究项目"（nuclear culture research project），该项目聚集了一批来自世界各地对"核艺术"感兴趣的艺术家和学者。该项目属于伦敦大学金史密斯学院，并收录于《核文化资料集》（*Nuclear Culture Source Book*），该书包括艺术家个人介绍及其作品和倡议，其中包含了本文中提到的一些信息。

一项直到**3015**年才能展出的艺术品：放射性艺术品

第一位火星殖民者

　　火星上的第18个太阳日，在一场猛烈的沙尘暴中，被认为已经死亡的宇航员马克·沃特尼（Mark Watney），被宇宙飞船上的其他船员留在了这颗红色星球上。这是电影《火星救援》（*Sopravvissuto – The Martian*）中的情节。沃特尼这位幸存的主角在他醒来时，既痛苦又惊喜。他独自一人在火星上，但没有足够的食物供他维持生命。沃特尼是一位年轻的宇航员，也是一位训练有素的植物学家，他在经历了最初的沮丧之后，意识到自己唯一的存活方法就是种植食物。遗留在星球上的技术设备也许会对他有所帮助，但单凭这一点肯定还不够。如何为火星土壤施肥？与他一起冒险的伙伴们留下的"遗产"——他们的粪便，是一种很好的堆肥材料。沃特尼最终设法种出了令人垂涎的土豆，并对未来充满信心，用这样的话来评论："在这个星球上种植出植物的人，才是这个星球的第一位殖民者。"其实还可以加上一句："在火星上，即使钻石也不能生产任何东西，而肥料却能生产土豆。"

你是怎么看我们的

　　它被称为幻想性视错觉（pareidolia），它倾向于将随机形状的自然物体或人工物体（通常是人或动物的脸）与已知的形状联系起来。我们所有人都至少有过一次这种经历：看着云，以玩耍的方式来将云看作是我们所熟悉的图像。这个词来自希腊语èid ō lon，意为"形象"，并以前缀parà（接近）开头。幻想性视错觉应用的例子包括古人

出售迈克尔·杰克逊形状的鸟粪，价值**500美元**

!

用在星空中识别出的图像来命名星座。不仅如此，幻想性视错觉的应用还与时俱进。例如，因为幻想性视错觉，我们能够在极端程式化的符号中表达面孔和情绪，比如表情符号。幻想性视错觉经常是传说、迷信的基础，甚至可以带来一些小小的生财之道，就像《芝加哥太阳报》（*Chicago Sun-Times*）报道的那样，22岁的美国人布兰登·都铎（Brandon Tudor）就受到了幻想性视错觉的影响。有一天，都铎开着他的凯迪拉克，看到挡风玻璃上一只鸟送来的一份意想不到的"礼物"。他没有咒骂，没有摇雨刷，也没有停下来擦玻璃，这个年轻人就像是触电了一样激动，因为用他的话来说，那个粪便看起来很像迈克尔·杰克逊（Michael Jackson）的脸！你可能很难相信，都铎一直等到它干了，然后给它拍了张照片，并放在网上以500美元的价格出售。但遗憾的是，他没有想到把车停在车库里——你知道的，雨水不会受幻想性视错觉的约束，它冲洗掉了这幅作品。所以我们永远不知道是否有人会买下这幅作品。

朴素的艺术

商品会变成垃圾，垃圾也可以再次成为商品。我们拥有大量资源，但仍未进行充分利用，这些资源很快就可能成为支持经济持续增长和环境保护必不可少的资源，并且在半个多世纪的时间里，这些资源已为艺术家提供了原材料。消费文明里的垃圾在20世纪50年代或多或少出现在艺术界，比如永久地留在了阿尔曼·皮埃尔·费尔南德斯（Armand Pierre Fernandez）、塞萨尔·巴尔达契尼（César Baldaccini）的

> ❖ 对一些人来说，它们是被抛弃的垃圾；对另一些人来说，它们是非常珍贵的艺术材料，创造了那些在历史上留下印记的作品。

❖如果以特殊的方式"照亮"大量的垃圾，可以使我们反思全球性的社会问题。

作品中，它们偶尔也出现在其他人的作品中，从帕勃罗·毕加索（Pablo Picasso）到安迪·沃霍尔（Andy Warhol)，从阿尔贝托·伯里（Alberto Burri）到米开朗基罗·皮斯托莱托（Michelangelo Pistoletto），都能找到它们。有时，艺术家们只是简单地使用旧的物品或真的垃圾作为新的建筑材料，但更多时候，他们用垃圾来隐喻现代人的状况——被边缘化，进而被社会"抛弃"，或被他们产生的废物淹没。英国人蒂姆·诺布尔（Tim Noble）和苏·韦伯斯特（Sue Webster）的作品在这方面具有象征意义。这个系列里的第一件作品，1997年的《理解小姐与美诺先生》(*Miss Understood and Mr. Meanor*)，是来自于艺术家们自己制作的组装垃圾。虽然表面上是随机堆积的，但一旦被照亮，它们就会投射出有意义的阴影。这两位艺术家因对英国艺术的贡献而获得诺丁汉特伦特大学荣誉学位，他们的作品展示了垃圾和消费社会的浪费，并通过这些作品讲述了意想不到的故事。事实上，在阳光下，混乱的垃圾呈现出可识别的形状，雕塑变得非物质化，变成了一个影子。因此，人类的感知对于区分有用还是无用、艺术品还是垃圾、混乱还是精心的设计尤为重要。诺布尔和韦伯斯特的作品鼓励人们用另一种眼光看待垃圾。我们能确定那些空的瓶子、袋子、罐头、纸箱、堆叠的盒子……就只是像它们看起来的那样无价值吗?

赤裸的艺术

有时，艺术家们在作品中使用"垃圾"的隐喻还不够生动，观众的品味还不成熟，最终，垃圾不能成为观众眼中的"艺术物品"。结果，它们又被误认为是原来的样子，依旧是真正的垃圾。虽然艺术家们特意把它们从垃圾桶里拿了出来，但最终它们还是又被放了回去。

有些人拿这种事开玩笑，有些人大喊这是亵渎艺术。

也许我们应该问问自己，对一些人来说，艺术是不是"赤裸的"，就像著名的安徒生童话里的皇帝那样，他以为自己穿着一件非常珍贵的魔法衣服，但实际上却没穿衣服。按照时间顺序，最近一次误解可以追溯到2015年，当时博尔扎诺博物馆（Museion di Bolzano）的清洁工"清理"了艺术作品《今晚我们将在哪里跳舞》（*Dove Andiamo a Ballare Questa Sera?*）——该作品是由艺术二人组古史密德和夏利（Goldschmied & Chiari）创作，由瓶子、纸碟、散落在地板上的彩带和其他物品组成，作品被误认为是前天晚上在博物馆另一处举行的聚会遗留的垃圾。实际上，用垃圾制成的当代艺术作品又被变成垃圾的情况很多。2014年在巴里，当代艺术集体展览的一些作品最终出现在垃圾桶中，其中包括空的纸箱和各种耗材；同年，在拉文纳艺术博物馆（Museo d'arte di Ravenna），一名工人粉刷了街头艺术家埃隆（Eron）的一部分作品，该作品是在墙上画出了一个假的洞口；2001年，达米恩·赫斯特（Damien Hirst）的一个工坊也发生了这种情况；1999年，一名英国家庭主妇试图清理艺术家特蕾西·埃明（Tracey Emin）的《肮脏的床》（*Dirty bed*）。

德国艺术家哈·舒尔特（Ha Schult）的"报复"，可能是具有纪念意义的《垃圾人》（*Trash Men*）：由数千名身高1.5 m的垃圾人组成的巨型艺术品，由回收的塑料、玻璃、电子产品和金属制成。这些年来，从长城到金字塔，再到罗马的人民广场，它在世界上各个具有象征意义的地方进行展览。我们之所以说这是"报复"，是因为自20世纪60年代以来，一直从事处理废物工作的舒尔特于1969年被警察逮捕，罪名是在慕尼黑的一条街道上散布废物，而他在那里创作了他的第一批艺术品，这些艺术品完全由废物制成。对舒尔特来说，多年后，这个问题可以说是解决了，他处理废物的工作现在在国际上受到了赞誉。但是，并非所有人都得到了同样的好结果，有些错误也会让人付出高昂的代价。1978年，威尼斯双年展的展馆涂漆工给一扇木门涂上了一些白漆，而这扇门是由法国艺术家马塞尔·杜尚（Marcel Duchamp）签名的门，并为意大利一位收藏家所拥有。这位收藏家向威尼斯法院寻求损害赔偿，并最终从双年展主办方处获得了4亿里拉的赔偿。

❖ 国王是赤裸的！有时艺术也无法与观众产生共鸣。

在热带沙滩度假

　　需要多少粒沙才能填满整个宇宙？公元前3世纪末，伟大的希腊数学家和发明家阿基米德试图对填满宇宙所需的沙粒进行计数，并在天文论文《阿雷纳里奥》（*L'Arenario*）中发表了他的想法。尽管阿基米德有一些精妙的直觉，如使用太阳作为模型进行的计算（其中行星绕太阳旋转，而不是当时普遍认为的绕地球旋转，这种想法在1 800年后的哥白尼和伽利略的研究中得到了证实）。但是，很明显，阿基米德没有今天的天文知识，因此，他所谓的"填满宇宙"与我们现在所理解的有所不同。但是，这个

废品里的科学

❖ **您是否梦想过去热带的白色沙滩？要知道它们是鹦鹉鱼的废弃物。**

问题使得他引入了一种新的计数法系统，该系统使他能够计算非常大的数字，而这恰是当时人们使用的计数法系统无法实现的。根据阿基米德的计算，填满宇宙所需的沙粒数量由1后面跟63个零来表示……

那是什么样的沙粒呢？并非所有的沙粒来源都一样。阿基米德还不知道的是，这些沙粒中有一部分，被度假者认为是最珍贵和最受欢迎的，也就是热带海滩上最白、最细的颗粒。这些颗粒本质上是垃圾，更准确地说，那是鹦鹉鱼的粪便。这些鲜艳的小鱼以生活在珊瑚礁上的海藻和珊瑚虫为食，为了捕食猎物，它们会咬下并咀嚼一些珊瑚的碎片。而这些珊瑚无法被消化，结果就会以完全漂白的颗粒的形式被鱼儿们排出体外。这样，鱼就可以通过刮掉被藻类和其他生物覆盖的部分来清洁珊瑚。这种方式也有助于保持珊瑚礁的健康，否则珊瑚礁会被藻类侵染。鹦鹉鱼与珊瑚之间的关系是绝对共生的，鱼对珊瑚礁的生存至关重要，作为回报，珊瑚不仅为鱼提供营养，还为其锋利的牙齿提供"锉屑"和清洁的工具。这些每条平均50 cm长的鱼非常"饥饿"，它们整天都在咀嚼。据估计，它们每年能产生100 kg的珊瑚颗粒。想要成为阿基米德的人现在可以尝试来算一算：要填满宇宙需要多少条鹦鹉鱼来生产白色沙粒？

254

沙子

　　沙子主要来源于沉积岩。沉积岩分布广泛，种类繁多。它们可能来自碎屑、化学物质和有机物，这取决于沉积物的来源。碎屑沉积岩的形成是碎屑堆积形成的结果，更确切地用词应该是clasti（在希腊语中是指"破碎""切碎"），它们来自其他岩石的分解，然后由于水、风的作用或是简单地由于重力作用而被运送沉积而成。溶解在水中的物质的化学沉淀，即溶质以固态形式从溶剂中分离出来的现象，是产生化学沉积岩的基础。而生物沉积岩，是由骨骼、贝壳等有机物质形成的岩石。

　　使用粒度分析法（一种测量骨料颗粒的技术），通过测量构成碎屑沉积岩的碎屑大小，也可以对沉积岩进行分类。

　　伍登–温特华斯（Udden–Wentworth）粒度分级标准由伍登（Udden）在19世纪后期提出，并于1922年由温特华斯（Wentworth）进行改编，至今仍与克鲁宾（Krumbein）分级标准一起使用。伍登–温特华斯定义的沙粒尺寸为0.062 5~2 mm。

❖它粘在你的身体和衣服上，随处可见：沙子已经有很长的历史了。

虚假应用软件

　　狗屎收集应用软件（APP）终于出现，它已经在美国社交媒体上疯传。软件开发人员想到了一切：可变的月费（15~35美元，具体取决于"每日收集"的数量），迷人的图形外观，环保的宣言，可以清理城市的人行道，甚至，对于那些没有养狗却想赚钱的人来说，也有机会申请成为"收集者"。

　　与您的四只脚的朋友自由漫步最终成为现实，无需提包和进行不愉快的清洁操作：当您的狗"释放"时，只需拍摄下粪便照并通过应用软件对其进行地理定位，然后发出"取件"的请求就好。此时，附近的收集器开始发出信号，而收集者也将在执行完

"清理"命令后立即通知您。该软件已经吸引了成千上万的用户和投资者的兴趣，但下载软件的网站总是说：目前正在旧金山和纽约进行测试。不幸的是，这是一个轰动一时的假货，它无非是一位软件开发人员和一位设计师给我们开的玩笑。在接受《新闻周刊》（Newsweek）采访时，这两人表示，他们是想谴责世界上"无所不能的应用软件"，通过质疑现代技术社会的发展方向来解决不存在的问题。"我们真的愿意付钱请别人来帮我们收集狗的粪便吗？"虚假软件的两位"发明者"在《新闻周刊》的采访中这样说道，这也同样是在询问正在看这本书的我们。在他们看来，答案是响亮而惊人的"是"。这让我们思考，我们是否真的应该把它作为一个商业理念来考虑，而把我们如何使用新技术的想法留给别人去思考。

去度假

　　会计师乌戈·凡托齐（Ugo Fantozzi）是梅卡迪达公司的一名谦卑的雇员，20世纪60年代小资产阶级雇员的典型代表，一个在意大利经济体系中无足轻重、灰心丧气的马前卒，所有的想法都是梦想，所有的反抗都只在心中。当这样一个人去度假，会发生什么呢？

　　在传奇的凡托齐系列电影的第4部《凡托齐仍在煎熬》（*Fantozzi Subisce Ancora*）的开头，我们的主角凡托齐——由演员保罗·福尔韦（Paolo Villaggio）饰演，他也是这部电影的创意者和编剧。

　　凡托齐暗恋着西尔瓦尼（Silvani）小姐，这位小姐在电视节目中赢得了一辆房车，因此这群人得以幸运地乘坐房车去海滩上待几天。尽管有妻子皮纳（Pina）在场，凡托齐仍希望这将是征服西尔瓦尼小姐的机会，但西尔瓦尼小姐在房车里接纳了一个又臭又多毛又胖的搭便车者，并且西尔瓦尼小姐最终爱上了他，这伤透了凡托齐的心。由于各种各样的原因，这个假期是灾难性的，主要是因为那位搭便车的人建议去一个被遗忘的天堂，结果那儿却变成了一个海洋的垃圾场。

　　海滩和水被各种废物入侵，最有意思的地方在于影片制作的场景设计师，根据20年前"剥离新闻"节目的报道，在拍摄过程中，他们故意在拉维尼奥（Lavinio）海滩上倾倒了成吨的垃圾。

❖热门电影留下的"遗产"……也是很多垃圾！

　　非常讽刺的是，拍摄结束后，他们忘记了对其进行清理。

关于双年展

　　围困、战争、劫掠……公元5世纪对罗马人来说，是一段黑暗而艰难的历史。这里的人口从10万减少到3万左右。尽管罗马斗兽场仍在使用，但在6世纪时期，罗马斗兽场相对于城市需求而言，规模过大。正是出于这个原因，罗马人不假思索，便开始拆除其最雄伟的地标建筑中未使用的部分，以回收其材料。竞技场的建筑材料大多是覆盖墙壁的块状或平板状大理石，还有凝灰岩、金属和砖头，竞技场建筑是一个真正的露天矿。这样的拆除行为并没有被认为是一种不合适的行为，事实上，几个世纪以来，许多人都在重复利用旧建筑物的材料来建造新建筑物。

　　在2016年举行的第十五届威尼斯建筑双年展之际，这种做法也得到了国际观众的认可。策展人亚历杭德罗·阿拉维纳（Alejandro Aravena）实际上已经决定重复使用2015年双年展的90 t材料，以创建两个大型装置。这非常符合所谓循环经济原则的选择，这种选择趋向于避免浪费资源。因为根据建筑师的观点，未来的城市（双年展所在的城市）将不再在废物和原材料之间做出太多区分，在建筑业内，它们将很快开始利用自己的废物。

❖谁说新的东西必须全部用新的材料来建造？双年展就是一个很好的重复利用的例子。

垃圾旅馆

　　既然我们生活在垃圾中，为什么不睡在垃圾里呢？伦姆拉伯（Rumlabor）的建筑师们在2014年提出了这样的疑问，他们启动了 "hotel shabby shabby"(字面意思是"肮脏的旅馆")项目，为了建造只使用废物作原材料的临时旅馆，确切地说，是使用曼海姆市（Mannheim）生产的垃圾来建造。借着在市中心举行的戏剧节——威尔特戏剧节（theater der welt）的机会，该提议向艺术家、学生、创意公司和建筑公司做了广泛的宣传，并且收到了对这一倡议的大量回应。这些旅馆总共有22家，其形状和颜色与所使用的材料有关，颇为不同寻常。木制房舍、塑料窗帘、铺着伞

为威尔特戏剧节
建造了**22**家
垃圾旅馆

面材料的床，还有一间由一根类似于奇怪昆虫的黄色管道组成的房间，一间通过将旧的金属铃铛拼合在一起而形成的房间。

在戏剧节结束时，这些房间被拆除了。这并不是第一次将废物用于建造临时旅馆，作为建筑挑战或作为环境倡议的一部分。

2010年，在世界环境日之际，"拯救海滩旅馆"（save the beach hotel）项目被建立，这是旨在提高人们对海滩保护和废物正确处置的认识。这家旅馆完全是利用在欧洲一些海滩上收集的垃圾而建的。但与其说这是为了建一家真正的旅馆，不如说是为了提供一个展示我们可持续发展行为结果的装置。

垃圾艺术

在垃圾堆里住4个月？您还得提前预约排队才行，因为这还供不应求。自1990年以来，有170多名艺术家和30多名学生在旧金山的垃圾填埋场度过了一段时间。这个垃圾填埋场的材料是由循环生态公司提供的，该公司也在波特兰、西雅图和阿斯托里亚的垃圾填埋场开展业务。循环生态公司是一家100%由员工拥有的公司，该公司致力于回收并利用垃圾，以减少垃圾丢弃，旨在实现零浪费的目标。其基本思想是，艺术在教育和提高公众意识方面扮演着独特的角色。通过制作相关作品和举办相关教学行动，

鼓励公民以崭新的眼光看待垃圾，反思消费者的习惯及重复使用每种材料的可能性。在居住期间，艺术家可以免费使用垃圾填埋场中存在的非危险材料，可以使用设备齐全的大型工作室制作艺术品并获得薪水。作为回报，他们承诺只使用他们在填埋场中找到的材料来完成他们的作品，并将其中的3个作品留给循环生态公司创建的花园博物馆。如果您对这个想法很感兴趣，那么您还应该知道，被选中非常困难。该计划每年收到上百个申请，而最终只选择4~8位艺术家。

纸制品

美人鱼、驴耳朵、动物头……在艺术家玛格丽特·皮洛特（Margherita Pillot）的手中，像纸张这样微不足道的材料变成了1 000件珍贵而富有想象力的物品。皮洛特是这种非常古老的纸艺传统的继承者。纸质模型是一种创造性地重新利用对我们的生活至关重要的、宝贵且决不能被浪费的材料的一种技术。似乎是街上遗弃的一堆纸箱使加拿大建筑师弗兰克·欧文·盖里（Frank Owen Gehry）（毕尔巴鄂的古根海姆博物馆的建造者）设计出了著名的家具，尤其是"简单的边缘"（easy edge）系列用纸板制成的椅子。根据欧洲纸张回收理事会（European Paper Recycling Council）的最新数据，欧洲每年的纸张消耗量超过8 000万t，1991—2015年，再生纸占比从40%增长到71.5%，这使得欧洲在纸回收领域排名世界第一。这是一个积极的趋势，其目标是到2020年将占比提高到74%，届时，我们使用的4张纸中将有3张被回收。但是，好消息决不能让我们放弃警惕，纸张是自然来源的产品，不应被浪费。首先，因为它的一部分是不能回收的，比如厕所的卫生纸。其次，因为生产和循环利用都会消耗能源和水。所以，许多公司已经在敦促其员工减少打印电子邮件，并将纸张保留用于最需要的地方。我们的一小步，将对循环利用产生巨大的促进作用，赋予物品在变成废物之前更长的生命，甚至使其成为艺术品。

❖ 我们都玩过，艺术家也玩过：这就是纸质模型。

危险的烟花

　　每年除夕夜之前，菲律宾的警察都会在扣押的非法烟花中发现人类和动物粪便。医生和毒理学家都曾多次提醒消费者，在非法烟花的包装中，粪便被用作增稠剂的情况在该国极为普遍。因此，这种"烟花桶"变得更加危险，造成的伤害更加严重。只要把它们拿在手里，就有可能感染各种疾病，包括大肠杆菌所携带的疾病。

废品里的科学

贡多拉

　　"贡多拉贡多拉，啊!" 这是著名的威尼斯流行歌曲《Pope! Oeh! Pope! Oeh!》中的一句歌词。Pope在威尼斯方言中表示"船夫"之意。根据歌词，我们很容易想象出这样一幅场景：一艘贡多拉在运河上航行，可能还载着一些游客。但是，根据杂志《科学数据》（Scientific Data）上发表的研究，在传统威尼斯小船的龙骨下，不仅有河水，还有各种废品，如电器、集装箱、轮胎、甚至是小船。研究人员利用高分辨率的生态传感器测量水深度，对珍贵的潟湖区域的水道和河床从物理、化学性质等方面对其形态进行了详细的研究。生态测深仪还探测到了运河底部的洗衣

水不能阻止威尼斯，威尼斯对 **57.6%** 的垃圾进行了垃圾分类

机、冰箱、洗碗机和各种各样的东西，这些东西被环保意识差的人随意扔掉。幸运的是，这些不文明的行为被整个城市的善良行为所抵消。根据意大利国家环境保护研究所（ISPRA）所作的关于城市垃圾的报告，2017年，在人口超过20万人的城市中，威尼斯的垃圾分类收集比例在意大利位居第二，可以对57.6%的垃圾进行分类处理，略低于米兰——米兰是意大利在这方面做得最好的城市。

致谢

　　本书得以出版，很大程度上要归功于一些朋友和专业人士的共同努力，他们帮我们撰写、更正，帮我们搜集了相关数据和信息。感谢克劳迪奥·巴托奇（Claudio Bartocci）、罗伯塔·切拉（Roberta Cella）、维托里奥·马尔基斯（Vittorio Marchis）、亚历山德罗·马佐·马格诺（Alessandro Marzo Magno）和安德里亚·塔亚皮耶特拉（Andrea Tagliapietra）的介绍，这些内容使本书更加精美和完整，并提醒着我们：我们不知道的东西总比我们想象的要多得多。去读一读他们的书吧，他们真的把文章写得很好。对于安德里亚（Andrea），我还想感谢他一直以来花了很多时间来支持这本书背后的思想。

　　感谢安奇特能源与环境公司（Ancitel Energia e Ambiente）的菲利波·贝诺基（Filippo Bernocchi）、挪威极地研究所（Norwegian Polar Institute）的盖尔·威·加布里埃尔森（Geir Wing Gabrielsen）、Sogin公司的马可·萨巴蒂尼·斯卡尔马蒂（Marco Sabatini Scalmati）和Corepla公司的丹妮拉·罗明杰里（Daniela Ruggieri）帮助我们解决了相关领域的问题。

　　感谢Ama Roma，Ancitel Energia e Ambiente，CiAl，Conoe，Consorzio Ricrea，Contarina，Corepla，Coreve，Enel Green Power和意大利国家环境保护研究所（ISPRA）分享数据，感谢大家各自以自己的方式支持该项目。

　　感谢塞西莉亚·托索（Cecilia Toso）和斯特凡诺·米兰诺（Stefano Milano）在编写和设计本书的复杂工作中给予我们鼓励和支持。感谢我们的家人、父母、朋友和老师，他们以不同的方式，在不同的地点和时间向我们灌输了好奇心和批判意识，使我们想把这一切说出来。

感谢在Rosalba提供运营支持。

最后，感谢弗留利的牧民们，他们不知道循环经济的存在，但他们并没有把制作失败的奶酪扔掉，而是通过奶酪形式回收，创造出了福尔马迪福兰特奶酪。